软物质前沿科学丛书编委会

国家出版基金项目
NATIONAL PUBLICATION FOUNDATION

"十三五"国家重点出版物出版规划项目

软物质前沿科学丛书

界面胶体动力学研究

The Study on Interfacial Colloidal Dynamics

陈 唯 著

科 学 出 版 社

龙 门 书 局

北 京

内 容 简 介

本书主要介绍液体界面上胶体动力学的研究及实验方法。书中主要讲述界面上胶体扩散性质、胶体单层空间结构和胶体颗粒间相互作用力等方面的研究结果。其中胶体间相互作用的研究又分为热力学相互作用和流体力学相互作用两部分。书中详细讨论了两种相互作用及热力学相互作用对胶体结构的影响等问题。在此基础上着重介绍关键的物理概念、重要的数据分析方法、主要实验结果以及结果中发展出来的新测量方法。

本书面向的对象是对胶体体系、随机行走以及细胞运动等软物质相关方向感兴趣的读者。本书注重介绍胶体研究中的实验方法和数据分析方法，希望这些内容对有志于进入以上领域的研究生和青年教师有所帮助。

图书在版编目(CIP)数据

界面胶体动力学研究/陈唯著. —北京：龙门书局，2021.5
（软物质前沿科学丛书）

"十三五"国家重点出版物出版规划项目　国家出版基金项目
ISBN 978-7-5088-6015-2

Ⅰ. ①界…　Ⅱ. ①陈…　Ⅲ. ①胶体–界面–动力学–研究　Ⅳ. ①O648.1

中国版本图书馆 CIP 数据核字(2021) 第 080780 号

责任编辑：钱　俊　田轶静 / 责任校对：彭珍珍
责任印制：徐晓晨 / 封面设计：无极书装

科 学 出 版 社 出版
龙 门 书 局
北京东黄城根北街 16 号
邮政编码：100717
http://www.sciencep.com

北京虎彩文化传播有限公司 印刷
科学出版社发行　各地新华书店经销
*
2021 年 5 月第 一 版　开本：720×1000　B5
2021 年 5 月第一次印刷　印张：11 1/4
字数：220 000
定价：118.00 元
（如有印装质量问题，我社负责调换）

丛 书 序

社会文明的进步、历史的断代，通常以人类掌握的技术工具材料来刻画，如远古的石器时代、商周的青铜器时代、在冶炼青铜的基础上逐渐掌握了冶炼铁的技术之后的铁器时代，这些时代的名称反映了人类最初学会使用的主要是硬物质。同样，20 世纪的物理学家一开始也是致力于研究硬物质，像金属、半导体以及陶瓷，掌握这些材料使大规模集成电路技术成为可能，并开创了信息时代。进入 21 世纪，人们自然要问，什么材料代表当今时代的特征？什么是物理学最有发展前途的新研究领域？

1991 年，诺贝尔物理学奖得主德热纳最先给出回答：这个领域就是其得奖演讲的题目 —— "软物质"。按《欧洲物理杂志》B 分册的划分，它也被称为软凝聚态物质，所辖学科依次为液晶、聚合物、双亲分子、生物膜、胶体、黏胶及颗粒物质等。

2004 年，以 1977 年诺贝尔物理学奖得主、固体物理学家 P.W. 安德森为首的 80 余位著名物理学家曾以 "关联物质新领域" 为题召开研讨会，将凝聚态物理分为硬物质物理与软物质物理，认为软物质 (包括生物体系) 面临新的问题和挑战，需要发展新的物理学。

2005 年，Science 提出了 125 个世界性科学前沿问题，其中 13 个直接与软物质交叉学科有关。"自组织的发展程度" 更是被列为前 25 个最重要的世界性课题中的第 18 位，"玻璃化转变和玻璃的本质" 也被认为是最具有挑战性的基础物理问题以及当今凝聚态物理的一个重大研究前沿。

进入新世纪，软物质在国际上受到高度重视，如 2015 年，爱丁堡大学软物质领域学者 Michael Cates 教授被选为剑桥大学卢卡斯讲座教授。大家知道，这个讲座是时代研究热门领域的方向标，牛顿、霍金都任过卢卡斯讲座教授这一最为著名的讲座教授职位。发达国家多数大学的物理系和研究机构已纷纷建立软物质物理的研究方向。

虽然在软物质研究的早期历史上，享誉世界的大科学家如诺贝尔奖获得者爱因斯坦、朗缪尔、弗洛里等都做出过开创性贡献。但软物质物理学发展更为迅猛还是自德热纳 1991 年正式命名 "软物质" 以来，软物质物理学不仅大大拓展了物理学的研究对象，还对物理学基础研究尤其是与非平衡现象 (如生命现象) 密切相关的物理学提出了重大挑战。软物质泛指处于固体和理想流体之间的复杂的凝聚态物质，主要共同点是其基本单元之间的相互作用比较弱 (约为室温热能量级)，因而易受温度影响，熵效应显著，且易形成有序结构。因此具有显著热波动、多个亚稳状态、介观尺度自组装结构、熵驱动的有序无序相变、宏观的灵活性等特征。简单地说，这些体系都体现了 "小刺激，大反应" 和强非线性的特性。这些特性并非仅仅由纳观组织或原子、分子水平的结构决定，更多是由介观多级自组装结构决定。处于这种状态的常见物质体系包括胶体、液晶、高分子及超分子、泡沫、乳液、凝胶、颗粒物质、玻璃、生物体系等。软物质不仅广泛存在于自然界，而且由于其丰富、奇特的物理学性质，在人类的生活和生产活动中也得到广泛应用，常见的有液晶、柔性电子、塑料、橡胶、颜料、墨水、牙膏、清洁剂、护肤品、食品添加剂等。由于其巨大的实用性以及迷人的物理性质，软物质自 19 世纪中后期进入科学家视野以来，就不断吸引着来自物理、化学、力学、生物学、材料科学、医学、数学等不同学科领域的大批研究者。近二十年来更是快速发展成为一个高度交叉的庞大的研究方向，在基础科学和实际应用方面都有重大意义。

为了推动我国软物质研究，为国民经济作出应有贡献，在国家自然科学基金委员会 – 中国科学院学科发展战略研究合作项目 "软凝聚态物理学的若干前沿问题" (2013.7—2015.6) 资助下，本丛书主编组织了我国高校与研究院所上百位分布在数学、物理、化学、生命科学、力学等领域的长期从事软物质研究的科技工作者，参与本项目的研究工作。在充分调研的基础上，通过多次召开软物质科研论坛与研讨会，完成了一份 80 万字的研究报告，全面系统地展现了软凝聚态物理学的发展历史、国内外研究现状，凝练出该交叉学科的重要研究方向，为我国科技管理部门部署软物质物理研究提供了一份既翔实又具前瞻性的路线图。

作为战略报告的推广成果，参加该项目的部分专家在《物理学报》出版了软凝聚态物理学术专辑，共计 30 篇综述。同时，该项目还受到科学出版社关注，双方达成了 "软物质前沿科学丛书" 的出版计划。这将是国内第一套系统总结该领域理论、实验和方法的专业丛书，对从事相关领域研究的人员将起到重要参考作用。因此，我们与科学出版社商讨了合作事项，成立了丛书编委会，并对丛书做了初步规划。编委会邀请了 30 多位不同背景的软物质领域的国内外专家共同完成这一系列专著。这套丛书将为读者提供软物质研究从基础到前沿的各个领域的最新进展，涵盖软物质研究的主要方面，包括理论建模、先进的探测和加工技术等。

由于我们对于软物质这一发展中的交叉科学的了解不很全面，不可能做到计划的 "一劳永逸"，而且缺乏组织出版一个进行时学科的丛书的实践经验，为此，我们要特别感谢科学出版社钱俊编辑，他跟踪了我们咨询项目启动到完成的全过程，并参与本丛书的策划。

我们欢迎更多相关同行撰写著作加入本丛书，为推动软物质科学在国内的发展做出贡献。

主　编　　欧阳钟灿

执行主编　　刘向阳

2017 年 8 月

前　言

　　微小的固体颗粒均匀分散在液体中称为胶体体系。固体颗粒尺寸一般是微米或者是亚微米。在这样小的尺度下温度引起的热涨落非常重要。显微镜下观察会看到固体颗粒在不停地做布朗运动。由于布朗运动是由温度驱动的，所以一般也叫做热运动。热运动是无规随机的运动，它使得胶体颗粒倾向于形成无序的空间排列。粒子之间常常存在某种相互作用，此相互作用使粒子体系倾向于形成某种稳定的结构特性。而一个体系的结构特性常常决定了该体系的宏观物理特性。从以上描述可见，多粒子体系的物理特性往往是粒子的热运动和相互作用竞争的结果。

　　对于大多数多粒子体系研究者而言，无论其感兴趣的研究细节如何，其研究方向大体都可分为体系的粒子间相互作用特性、动力学性质和结构特性。由于胶体颗粒的大小在普通的光学显微镜下就可容易观察到，研究者可以通过显微成像的办法同时获得其粒子空间结构、动力学和相互作用等体系信息，从而为研究体系性质提供极大方便。因此在过去的一个半世纪里，胶体体系常常被当作研究多粒子体系的模板系统，在诸如物理、化学、化工、高分子、生物物理和流变学等领域中都有广泛研究。因此胶体科学是一个多学科交叉的重要领域。

　　界面附近胶体体系由于其在空间对称性上存在自然破缺，所以可引起如介电常数、流体黏度、离子浓度等多种物理参数在界面附近的梯度变化。这些变化使得界面附近胶体的相互作用与三维溶液中胶体的相互作用性质截然不同。另外，人们也逐渐认识到，在诸多实际问题当中，界面上的物理化学过程往往占有主导因素，比如细胞膜蛋白动力学、化工生产、晶体生长，乃至环境污染控制等。界面胶体体系为各类实际中的界面附近多粒子体系提供了绝佳的研究模板，因此在过去几十年，对界面胶体，从基础研究到实际应用诸多方面都引起了广泛关注。在给定的热环境下，界面胶体的动力学性质和空间结构特性都是胶体颗粒间相互作用决定的。

　　界面附近胶体体系的核心问题之一是研究其相互作用的性质。界面胶体相互作用与胶体颗粒表面带电性质和界面环境性质密切相关。常见的包括屏蔽库仑相互作用、电偶极子相互作用、范德瓦耳斯作用、流体力学相互作用、液体表面的毛细相互作用、空间位形相互作用。以上种种从不同的研究出发点，可划分为吸引作用、排斥作用；或者长程相互作用、短程相互作用；或者保守力、耗散力等。一般来说热力学相互作用和热涨落相互竞争的结果决定了界面胶体的空间结构特性，形成团簇或改变有序度。这些常常决定了界面胶体体系的黏弹性等基本力学特性。而这些空间结构和力学特性又会直接反映在界面胶体颗粒的动力学行为上，比如自扩散、互扩散，或者在高浓度下会表现出整体运动等。本书所讨论的主要内容是关于界面附近胶体单层体系中的相互作用和动力学行为。

本书的基本内容如下：

第 1 章首先介绍胶体布朗运动的物理图像。通过对扩散系数、爱因斯坦关系和斯托克斯力的详细讨论，引入黏度、表面黏度、黏弹性质等概念。然后简单介绍相关数学工具，如朗之万方程、Fokker-Planck 方程等。最后介绍与自扩散相关的前沿研究进展，主要是不同界面对附近胶体颗粒自扩散的影响，对胶体颗粒的速度自相关的影响等，也包括目前还未解决的问题。作者之前读过的大多数书籍对于胶体扩散通常都只是给出了数学公式，读者往往能够对此做完整的数学推导，但是很多直观的物理图像并没有建立。这部分的重点是作者以深入讨论扩散系数相关的问题为出发点，通过各种分析尽量使读者对于布朗运动和胶体扩散建立起清晰的物理图像。

第 2 章介绍界面胶体间的热力学相互作用。首先介绍颗粒间范德瓦耳斯力和表面能，然后讨论如何在颗粒间有范德瓦耳斯吸引力存在的情况下保持胶体的稳定性，由此引入屏蔽库仑势 (DLVO 理论)。接下来介绍在水–气界面上的胶体颗粒之间的静电相互作用。具有同号表面电荷的颗粒在界面处如何产生相互吸引势？再介绍实验上测量颗粒间两体相互作用的最常用的方法：计算径向分布函数。同样，大多数书籍对于径向分布函数通常只是给出了数学公式，这里重点介绍了如何理解径向分布函数，并从中直接读取有用的信息；如何从胶体颗粒分布的照片中直接读出胶体的基本特征；介绍通过实验结果计算径向对分布函数的具体实现方法以及讨论编程中可能遇到的问题，以及如何判断稀疏条件等。介绍如何在实验上利用以上方法系统研究界面胶体颗粒的同号电荷相吸的现象。这一部分也展示了对一个具体问题如何从定性分析到定量验证的层层推进，以及遇到疑问后如何从物理图像出发，尝试设计实验解决问题的过程。本章最后介绍如何建立体系的动力学特性和体系空间结构的联系。通过径向分布函数引出多余熵的表达式，介绍多余熵与扩散系数关系研究的最新进展。最后指出还有待研究的问题。

第 3 章介绍界面附近胶体颗粒间的流体力学相互作用。首先介绍描述流体中颗粒对力的响应函数 Ossen 张量，然后引入互关联扩散和耦合扩散的概念。两者在本质上是一回事，尽管数学表达不同。互关联扩散是本章的核心，颗粒的互关联扩散的量纲虽然和颗粒扩散系数相同 (这可能是一开始被称为 "互关联扩散" 的原因)，但是两者的本质完全不同。很多人会以为两者应该有什么相通之处，其实两者并没有关系。颗粒自扩散描述的是涨落的特性，颗粒的互关联扩散描述的是颗粒间流体力学的相互作用。前者对应的是方程里的涨落项；后者描述的是确定项。前者对应的是数学上的 2 阶矩计算；后者对应的是数学上的 1 阶矩计算。本章的主体是介绍从互关联扩散测量中如何确定界面对颗粒间流体力学相互作用的影响。介绍如何通过寻找系统的特征量来得到普适流体力学关系。这里的重点是如何通过对数据的分析找到合适的系统特征量，如何理解这个系统的特征量，不同的界面条件下流体力学的普适曲线如何获得。最后介绍在固体边界旁边颗粒间流体力学相互作用的特性，理论上是引入流体力学镜像颗粒，实验上通过光镊等方法加以测量。

第 4 章介绍了如何利用自扩散和互扩散的方法测量系统中的微小漂移流。真实系统中液体往往存在微弱的漂移流动。这一章首先介绍了传统的平均位移法测量和自扩散法测量的对比。重点是介绍如何利用互扩散测量系统中的漂移流。平均位移法测量和自扩散法测量只能测量系统的均匀定向流动，对于涡旋流、剪切流这类非均匀流的计算效率都很低。而互扩散的方法利用漂移流的贡献随颗粒间距和测量时间都呈 2 次方增长的特性，能够准确地计算系统中微小的涡旋流、剪切流。本章给出了涡旋流、剪切流的解析解并且给出了实际情况对比的结果。这种方法计算的位移精度可以远远超出显微镜的光学分辨率。

第 5 章介绍自驱动粒子相关研究。首先介绍常见的自驱动粒子分类。一种是所谓的活性粒子，另一种是细胞运动。事实上，自驱动粒子的研究是软物质和生物物理最紧密的交叉点之一。主要以细胞运动为例，讨论如何从自驱动粒子的运动轨迹当中分析自驱动运动中的衰减项和涨落项。理论基础用到了第 1 章中 Fokker-Planck 方程中的相关内容。通过对不同条件下细胞轨迹特性的分析，展示如何从中找到粒子的本征涨落特性；讨论细胞运动中瞬时速度非高斯分布的来源。最后介绍衰减 Levy-Flight 模型和分数阶 Klein-Kramers 模型以解释细胞的平均平方位移曲线。同样，目前对这个问题的理解还远谈不上清楚。

最后给出的附录是关于实验中具体的显微成像搭建、二维胶体样品制备，数据采集、图片识别、颗粒跟踪等技术。通常很多实验上的技术细节在学术期刊中不会有足够的篇幅详细说明，但是对于从事具体实验工作的研究者，往往需要通过长时间摸索尝试才能了解。以作者本人第一次研究水–气界面胶体的自身经历而言：曾经花费十个月的时间才成功制备出稳定的、单分散性良好的胶体单层，其间制备的样品池就有七八个版本。而在通常文献中，这类细节受篇幅所限要么不提，要么只是一句带过，给后来者带来很大困扰。作者希望通过描述自己实验中遇到的各种技术问题，为以后打算进入这个领域的实验工作者提供一些经验，帮助其少走一些弯路。在显微成像的环节会比较显微镜明场、暗场、相差成像对后期图像处理的利弊。介绍如何根据不同实验条件，选用不同工作距离的物镜。水–气界面上颗粒单层的制备最为困难，甚至在制备不同胶体颗粒如玻璃 (silica)，聚苯乙烯 (polystyrene) 时所用到的条件参数都要随之改变。

界面实验的关键在于清洁。附录会介绍如何在制备样品的过程中清洁器皿和表面，以及如何用不同的方法来判定清洁程度。去除定向漂移流在水–气界面、油–水界面的实验中都是另一个永远要面对的挑战。书中会讨论潜在的多种因素的影响：

比如用最简单的方法判定照明光中红外成分的贡献，即红外线成分是否会引起局域流体温度升高从而带来热对流。而在单壁和双壁附近，由于非滑移边界条件，其定型漂移流幅度往往很小。单壁或双壁系统在实验上是相对容易制备的，甚至可以移植一些基本操作和测量作为本科生的实验教学课程。

在数据采集部分会介绍根据不同需要如何选择数码摄像头 (CCD 或 CMOS)，包括 CCD 的基本参数；拍摄时需要考虑的因素，如曝光时间、灰度设置等；如何用简单的方法进行时间空间定标。大多数人常常默认拍摄软件所给的时间是准确的，其实拍摄时间间隔受诸多条件影响。初学者不能盲目相信商业软件的数据结果，用独立可信的方式对这些数据进行验证是对研究者的基本要求。

感谢研究生李娜、张伟、张佳政、陈松所做的工作，正是他们的工作使得本书得以顺利完成。特别感谢李娜博士的意见和诸多帮助。也深深感谢自己的导师陆坤权、童彭尔、陈志强等教授的多年教导。书中涉及的很多研究都受益于国家自然科学基金 11474054 的资助，在此一并致谢！

陈　唯

上海新江湾

2020 年 12 月 8 日

目　　录

第1章 胶体颗粒的布朗运动和扩散系数

微米或亚微米尺度的颗粒溶解在液体环境中称为胶体体系。胶体体系在工业和科研上都有重要的地位，涉及的领域有化学化工、物理、生物、高分子等各个学科[1,2]。对胶体颗粒的微观研究，从 1827 年布朗在显微镜下观察到花粉在水中的无规则运动开始已经有 200 年左右。微米尺度的颗粒在液体环境中受水分子碰撞，由于前后左右受液体分子碰撞次数不均匀，颗粒的运动行为通常表现为典型的随机行走。这种随机行走也被统称为布朗运动。布朗运动的研究促进了数学 (如随机微分方程)、物理 (如流变学)、经济 (如价格涨落理论等) 等多个学科的发展。最近几十年，在软物质物理和生物物理中，布朗运动的研究更是占据着非常重要的地位[3,4]。随着技术手段 (数据采集) 和科学理论 (数据处理) 的进步，每一次发展都给我们带来了对胶体体系的新认识，但到目前仍然有很多未知之处。

标准布朗运动的轨迹 L 如图 1.1 所示。

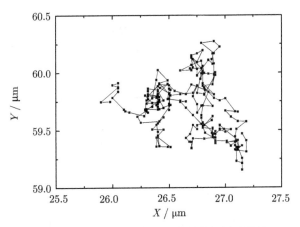

图 1.1 胶体颗粒在水中 30s 内的布朗运动轨迹 L

颗粒直径 3μm, 时间间隔为 dt = 0.12s (出自参考文献陈唯.
关于布朗粒子扩散系数的讨论. 物理实验, 2018, 38(1): 32-35)

请仔细观察上面的轨迹特征，它本身已经包含了布朗运动相当多的信息。以下将从这些颗粒轨迹的直观理解来尝试分析这一运动的特征，并引入各种有关的特征量概念。

1.1   如何刻画布朗粒子的运动快慢

1.1.1   速度不是一个好的特征量

在朴素的认知当中，刻画任何一类运动的基本特征是描述运动的快慢。最常见的特征量是速度。我们一般默认所有物体的运动 (至少是宏观粒子) 都可以用速度来衡量。物体具有特定瞬时速度是我们习以为常的概念 (从科学史上来看并非如此：芝诺的飞矢不动悖论就是一个很好的例子)，但是对理想布朗运动而言，计算速度要比预料的困难。实验上能够测量速度的方法都需要在有限的时间间隔内完成。以 L(图 1.1) 为例，如果要测量该轨迹 L 的平均速度 $\bar{v}$，可以把 L 中每个时间间隔 dt 内的位移 $|\vec{r}_i(dt)|$ 取平均。根据平均位移计算平均速度 $\bar{v} = \langle |\vec{r}(dt)_i| \rangle / dt$。但是如果 L 观测时间间隔 dt 减小 $1/2$(如图 1.1 中的 $dt = 0.12$s 变成 $dt = 0.06$s)，则可以想象新的轨迹中数据位置点会比原来轨迹的位置点多一倍。并且新轨迹中多出来的颗粒位置点并不会落在旧轨迹两个点连线之间 (根据布朗运动轨迹 L 处处为折线的性质)。按照 $\bar{v} = \langle |\vec{r}(dt)_i| \rangle / dt$ 的方法重新测量平均速度，可知一定有 $\bar{v}(dt = 0.06\text{s}) > \bar{v}(dt = 0.12\text{s})$(三角形两边之和大于第三边)。如此，在一段时间间隔 dt 内测量到的平均速度 $\bar{v}$ 总是时间间隔 dt 本身的函数。对于布朗运动粒子，速度并非总是确定的物理量，而依赖于观测条件 dt：观测时间越短，测得的平均速度越大。

稍微定量研究一下平均位移 $|\vec{r}_i|$ 随时间 dt 的测量结果。连续改变测量时间间隔 dt 则可以得到平均位移 $|\vec{r}_i|$ 与测量时间间隔 dt 的关系曲线，结果如图 1.2。

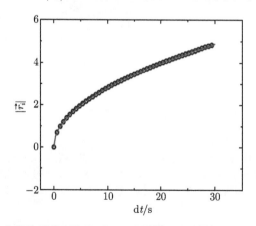

图 1.2   布朗粒子的平均位移 $|\vec{r}_i|$ 与测量时间间隔 dt 的关系曲线

圆形符号为实验数据点，实线为公式 $y = ax^b$ 拟合线

图 1.2 曲线并非直线，用公式 $y = ax^b$ 拟合，得到 $b = 0.5$。如果布朗粒子在各个测量时间间隔内的平均速度 $\bar{v}(dt)$ 可以按照图 1.2 中曲线的斜率来定义，也有

平均速度 $\bar{v}(dt)$ 随观测时间 dt 增加而减小。需要指出：按图 1.2 曲线斜率方法得到平均速度 $\bar{v}(dt)$ 和根据 $\bar{v} = \langle |\vec{r}(dt)_i| \rangle /dt$ 得到的结果，两者大小其实并不相同。这也是计算布朗粒子速度的另一个麻烦之处：不仅不同时间间隔 dt 下计算的结果不同，即使同一个时间间隔 dt 下不同计算方法得出的平均速度也不相同。而且图 1.2 的曲线在 $dt \to 0$ 时其斜率是发散的，所以也并不能通过计算 $dt \to 0$ 时刻的 $\bar{v}(dt)$ 得到所谓的瞬时速度 (事实上，在 $dt \to 0$ 下，颗粒的运动轨迹也不再是布朗运动轨迹，此时颗粒的轨迹 $L(dt \to 0)$ 是光滑连续的，不再是布朗粒子宏观轨迹处处折线的特征。因此也不再有图 1.2 曲线的 $y = ax^{0.5}$ 的基本特征)。因此通过离散位移定义的表观速度总是很可疑 [5-7]。布朗粒子的轨迹点处处连续同时处处不光滑 (折线)，而且这种不光滑的性质 (至少在布朗运动观测时间精度内) 并不能通过减小测量时间间隔改变。这就是为什么无法定义轨迹速度。任一空间轨迹上的速度在数学上的定义为轨迹位置对时间的导数。而布朗运动由于轨迹处处不光滑，即处处不可导，速度 $\vec{v} = d\vec{r}/dt$ 的定义无从谈起。这一点从一开始 L 的轨迹特征中就可以看得出来。

1.1.2 刻画布朗运动快慢的特征量：扩散系数 D

不管怎样，我们需要一个好的物理量来刻画布朗运动的快慢。这个物理量的数值应该是确定的，与测量方法无关，符合直观感受的特征量。我们希望描述布朗运动快慢的特征物理量，其量纲形式应为空间尺度与时间尺度之比，并且与测量时间无关。与测量时间无关的意思是，对应的空间尺度的变化量随测量时间是线性增长的。由此可以猜想，如果平均间距与时间是平方关系，则与时间线性相关的应该是距离平方。对于 L (图 1.1) 的一个二维运动的布朗粒子的轨迹，将按 XY 直角坐标系分解计算每一时间 dt 下的位移 $\langle x^2 \rangle$、$\langle y^2 \rangle$。考虑到直角坐标系的角度为任意选取的，理论上坐标系转过任何角度，结果都不该有任何变化。所以 X、Y 方向上的两条线 $\langle x^2 \rangle$、$\langle y^2 \rangle$ 应重叠，即 $\langle x^2 \rangle = \langle y^2 \rangle$。此外对于每一段位移都有 $r_i^2 = x_i^2 + y_i^2$，自然可得 $\langle r^2 \rangle = \langle x^2 \rangle + \langle y^2 \rangle = 2\langle x^2 \rangle$。对类似 L (图 1.1) 中的布朗运动轨迹的计算结果如图 1.3 所示。

从图 1.3 中可见 $\langle x^2 \rangle$ 和 $\langle y^2 \rangle$ 曲线完全重合，并且数值大小刚好为 $\langle r^2 \rangle$ 曲线的一半。而且 $\langle x^2 \rangle$、$\langle y^2 \rangle$、$\langle r^2 \rangle$ 随测量时间 dt 的确是呈线性变化的。因此 $\langle r^2 \rangle$ 曲线的斜率可以视作一个好的物理量来衡量粒子的运动快慢。可以想象，如果粒子是在三维中运动，则有 $\langle r^2 \rangle = \langle x^2 \rangle + \langle y^2 \rangle + \langle z^2 \rangle = 3\langle x^2 \rangle$。

最终的 $\langle r^2 \rangle$ 与空间维数 $d = 1, 2, 3$ 成正比。由此可尝试定义新的物理量 D 满足

$$\langle r^2 \rangle = d\langle x^2 \rangle = 2dDt \tag{1.1}$$

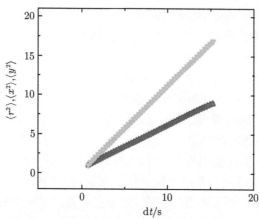

图 1.3   颗粒平均平方位移随时间 dt 的变化关系

斜率较大的曲线是 $\langle r^2 \rangle$-dt(上方曲线)。 斜率较小的曲线是 $\langle x^2 \rangle$-dt 和 $\langle y^2 \rangle$-dt

(下方曲线。两线重合，不可分辨)

其中 D 称为扩散系数(diffuse coefficient)，可以作为描述布朗运动快慢的特征量。此处 r 是时间间隔 t 内粒子的运动位移；$\langle r^2 \rangle$ 是平均平方位移，通常称为 MSD(mean square displacement)。$\langle \ \rangle$ 是系综平均，平衡态下测量中可对系统中某单个粒子长时轨迹取时间平均来替代。以上处理中，默认粒子二维或三维运动的轨迹在某一个坐标轴上投影的计算结果直接等价于该粒子被束缚在一维空间时运动轨迹的计算结果。这是合理的吗? 答案是肯定的。能量均分定理中，粒子一个自由度上的平均动能并不会因为其他自由度被冻结而增加。这也和实验上的测量结果相一致: 通过三维布朗粒子在二维投影上的位移计算出的扩散系数与直接计算三维运动的扩散系数结果相同。

1.1.3   扩散系数 D 的其他测量方法

1.1.2 节中我们能找到一个好的物理量 D 来刻画布朗粒子运动的快慢。这个量可以从颗粒平均平方位移随时间变化曲线的斜率中得到。但是为什么把这个量称为扩散系数?这和墨水滴在水里或滴在宣纸上逐渐扩散开的图像有联系吗?回答是肯定的。回到 L(图 1.1) 中的数据，此前我们仅将轨迹里位移量 $|\vec{r}_i|$ 的平方取平均作为图 1.3 中的一个数据点。现在我们来看看除了平均值 $|\vec{r}_i|$ 外，这些数据还有哪些可用信息。把 L 里同一时间间隔 dt 内的小位移量 dx 按时间次序画在一张图里，结果如图 1.4 所示。可以发现这些位移分量在平均值 0 处左右对称分布；并且在纵轴上，越远离平均值，数据点的数目越少。统计图 1.4 中每个虚线间隔内数据点数目，画出点数目与所在虚线的纵轴位置的关系图 (即直方图 (histogram))。虚线的间隔越小，这个直方图就越光滑。在选取足够小的虚线间隔之后，得到图 1.5。

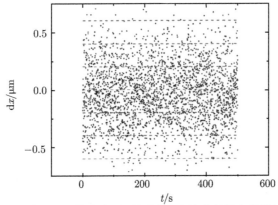

图 1.4 图中点为颗粒位移 $\mathrm{d}x$ 的分布。虚线为纵轴上做等间隔分区

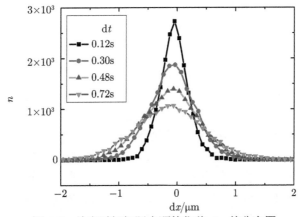

图 1.5 给定时间间隔内颗粒位移 $\mathrm{d}x$ 的分布图

不同曲线对应不同的时间间隔 $\mathrm{d}t$。由上到下的曲线分别为 $\mathrm{d}t =0.12\mathrm{s}$，$0.30\mathrm{s}$，$0.48\mathrm{s}$，$0.72\mathrm{s}$。实线为公式 (1.2) 的拟合结果 (引用文献同图 1.1)

对图 1.5 中曲线拟合，发现数据点呈高斯分布，如公式 (1.2)。随扩散时间 $\mathrm{d}t$ 增加，会得到一组越来越宽的高斯分布

$$n(\mathrm{d}x, \mathrm{d}t) = A\mathrm{e}^{-\mathrm{d}x^2/(2D\mathrm{d}t)} \tag{1.2}$$

如果将图中曲线的高斯分布半宽 σ 随 $\mathrm{d}t$ 的曲线画出，与图 1.3 中平均平方曲线做对比，可发现两者完全成正比。事实上，无论是根据平均平方位移的斜率还是根据位移高斯分布半宽，两种方法得到的扩散系数 D 完全一致。在实验测量上，可以根据不同的实验条件来选择：如果粒子的轨迹可长时间跟踪，一般可以使用平均平方曲线的斜率来计算扩散系数；如果实验上粒子不能在长时间内跟踪，则可通过高斯拟合位移分布半宽并除以时间间隔来得到扩散系数。

1.1.4　扩散系数 D 的初步理解

一般来说，理解一个物理量最基本的方法就是分析这个量的量纲。扩散系数 D 的量纲是距离的平方除以时间，看起来即面积/时间。想象一滴墨水滴在二维纸面上逐渐洇开的图像：理想情况下，墨点扩散开的浓度分布符合高斯分布。能否这样理解：扩散系数就是衡量单位时间内墨水分子扩散的面积的物理量。这个说法乍听起来似乎很有道理，但严格地说并不准确。若墨点在三维水中扩散，则扩散开的是一个球体，该如何对应具有面积/时间量纲的扩散系数 D 呢？有人可能解释为对应此球体在 XY 平面上的投影。但如果是粒子被限制在一维的细管子里只能在一个维度上扩散，则此时很难找到一个实空间里的面积变化率来对应扩散系数 D。而对于一维粒子体系，扩散系数 D 作为运动快慢的特征量描述总是有效的。因此，不是在所有的情况下 D 都能对应一个实空间的面积变化，扩散系数 D 真正的意义只是距离平方/时间，而不能看作面积/时间。

任何一个随机行走的轨迹都可看作一组随机数。扩散系数对应的是这些随机数在平均值附近分布的宽度。这里距离的平方本质上对应的并不是面积，而是距离位移值的 2 阶矩或者方差 $\langle x^2 \rangle$。布朗运动总能保证随机位移的系综平均值 $\langle x \rangle$ 等于零。对一组随机数而言，除了 2 阶矩还有更高阶矩，比如 3 阶矩、4 阶矩。每一个都描述了随机数的某个特征，如 3 阶矩描述的是随机数关于平衡点的对称性。只是对于布朗运动，或服从高斯分布的随机数，高阶矩并不能提供更多的有效信息。更高阶矩的计算往往出现在湍流等更复杂的体系分析中，实质的作用在于关注那些出现概率很小的大尺度涨落事件信息。而这些事件在低阶矩的计算中往往会被抹平。对于更普遍的情况，只有所有阶矩全同的随机数才可被认为属于同一个随机数组。

1.1.5　扩散系数 D 的热运动理解

首先颗粒的扩散系数是否与颗粒质量有关？之前关于布朗粒子扩散系数的讨论均是从唯象的角度得到的。扩散系数的量纲只包含距离和时间。但从物理上讲，既然布朗运动是颗粒受到水分子的热运动无规撞击后表现出的随机行走，小球运动的快慢似乎应该和小球的质量有关。同样大小的一个小铁球或一个小塑料球扔到水里，它们的扩散系数会一样吗？若不一样，颗粒的扩散系数 D 的量纲里是否应该有质量这一项？而作为描述运动快慢的物理量，似乎只包含距离和时间就足够了，因为质量本来就不该出现在这类特征量的量纲里。所以即使小球的质量出现在扩散系数中，理论上也应该还有另外一个质量在量纲上把它抵消掉。

我们从简单的物理图像来讨论布朗粒子运动应该和哪些因素有关。

第一，既然液体分子的热运动是布朗运动的来源，我们可以把液体分子热运动的能量 $k_B T$ 看作是布朗运动的驱动机制 (k_B 是玻尔兹曼常量，T 是环境温度)。自然, $k_\mathrm{B}T$ 越高, 布朗粒子运动得就应该越 "快"。

第二, 布朗粒子运动快慢还应和在运动中受到的阻碍有关。考虑最简单的情况, 一个小球在液体中以固定速度运动, 此时小球受到的阻力 F 应该是液体黏度 η 和小球尺寸 a 的函数。具体的表达式为斯托克斯 (Stokes) 公式:

$$F = 6\pi\eta av \tag{1.3}$$

其中 η 是液体的黏度, a 是颗粒半径, v 是颗粒速度。

从公式 (1.3) 可定义阻力系数 $Z = 6\pi\eta a$, 其描述的是小球在运动时感受到的阻碍程度。Z 只与小球自身以及环境液体的性质有关, 与小球的速度无关。因此 Z 是颗粒受阻程度的一个好的描述。

综合考虑布朗粒子在液体中受到的驱动机制 $k_\mathrm{B}T$ 和阻碍程度 Z, 扩散系数应该是 $k_\mathrm{B}T$ 与 Z 的函数。由简单的量纲分析可知 $k_\mathrm{B}T/Z$ 的量纲就是距离的平方/时间。严格的计算表明, 单个小球在液体中的扩散系数 D 的确有如下简单的关系, 不需要额外的系数:

$$D = \frac{k_\mathrm{B}T}{Z} = \frac{k_\mathrm{B}T}{6\pi\eta a} \tag{1.4}$$

公式 (1.4) 最早由爱因斯坦提出, 被称为爱因斯坦关系。

此扩散系数的定义在物理上有清晰图像。回到本节开始的问题, 扩散系数应该包含质量么? 公式 (1.4) 中 $k_\mathrm{B}T$ 是液体分子热运动的能量; 将能量用基础量纲展开后的确包括一项质量量纲。而分母 Z 里也的确有一项在量纲上是包含质量的, 即液体的黏度 η。这似乎可以回答开始的问题, 扩散系数中存在质量影响因子, 只是在分子分母的量纲上相互抵消了。

但是仔细观察就会发现, 液体黏度里的质量量纲来自于液体的质量, 并非小球质量。同样, 能量 $k_\mathrm{B}T$ 的质量量纲也来自于环境热涨落, 而与小球质量无关。因此在公式 (1.4) 爱因斯坦关系中, 扩散系数 D 与小球质量无关。

既然公式 (1.4) 是从物理本质上描述布朗粒子的扩散系数, 那么这表明布朗粒子的扩散快慢只与颗粒尺寸有关, 而确实与小球的质量无关。这也与实验结果相一致: 在胶体实验中常用的几种胶体颗粒, 如玻璃 (silica, 密度 $\rho = 2\mathrm{kg/m}^3$) 和聚苯乙烯 (polystyrene, PS, 密度 $\rho = 1.05\mathrm{kg/m}^3$), 只要颗粒尺寸相同, 尽管具有不同的质量, 在同样环境下的扩散系数仍然相同。

那么要如何理解这件事情呢? 我们回想质量在牛顿第二定律中的意义, 质量意味着惯性。惯性意味着时间上不会有突变发生, 就是说运动量对时间是可以求导的。而布朗运动轨迹最重要的特征就是在观测的时间范围里, 颗粒运动的轨迹时时在突变。如图 1.1 所示, 每一处的观测点都是折点。此图像的时间突变性和扩散系数里颗粒质量惯性消失是相一致的。轨迹上时时刻刻都在发生颗粒速度 (假设可以定义的话) 突变, 则每一点上加速度都无穷大, 这等价于惯性质量等于零。

那接下来的问题是: 颗粒的惯性质量去了哪里? 在胶体颗粒的运动中就没有表现么? 真正的问题是: 在物理上我们一般不接受有某一个宏观可测物理量的数值在时间轴上可以有真正的突变, 那么布朗运动为什么可以突变? 回答是: 如果我们相信有质量的物体运动速度不会有真正意义上的时间突变, 那么观测时间缩小到足够短, 我们总能观察到速度渐变的过程。对于布朗粒子, 这个观测时间究竟有多小? 对于胶体颗粒, 颗粒的质量 m 是让颗粒保持运动速度的因素, 而阻碍程度 Z 是让颗粒失去速度的因素。所以最小观测时间应该是这两个因素竞争的结果。

由量纲分析可知 m/Z 具有时间的量纲。考虑到 m 和 Z 都是系统的特征量, 我们自然可以由此定义一个系统的特征时间

$$\tau = \frac{m}{Z} \tag{1.5}$$

这个特征时间的意义是: 当观测时间和 τ 大小相仿时, 质量惯性和液体阻碍 Z 对颗粒运动的影响相仿。如果观测时间远远大于 τ, 意味着相比之下 τ 是个接近于零的小数, 对比公式 (1.5) 可知, 这意味着这个时间段里 Z 贡献很大, m 贡献近似可忽略。这就对应着我们看到的布朗运动, 黏度作用使颗粒初始速度早已被遗忘, 这时颗粒的运动完全来自于后续的液体分子的碰撞结果。在微观机制上, 颗粒的运动和颗粒感受到的液体黏度均来自于液体分子无规热运动的撞击。

如果观测时间远远小于 τ, 意味着相比之下 τ 是个接近于无穷大的数。对比公式 (1.5) 可知, 这等价于这个时间段里 m 贡献很大, Z 的影响很小。此时粒子的运动和经典的牛顿小球类似, 一般的文献里称为弹道运动。对于水中的微米量级的胶体玻璃颗粒, 考虑典型的 m 和 Z 的大小, 两者相除得 τ 的时间尺度是 10^{-5}s 或 10^{-6}s。实验室里若以此时间尺度观测, 的确能够看到胶体颗粒质量的贡献: 轨迹是光滑的, 速度也可以定义。但一般实验观测达不到这么高的时间精度, 比如实验室的典型时间间隔在秒的量级附近观察到的是布朗运动的基本特性。

1.2　斯托克斯 (Stokes) 力和液体黏弹性

一个小球在液体中以固定速度运动, 它的运动主要由公式 (1.3) 来决定。

这个公式很简单但应用非常广泛, 包含的信息很丰富, 可以用来测量液体的黏度, 也可以用来理解纳米胶体为什么不会沉降。利用下沉稳态条件有

$$mg = 6\pi\eta av \tag{1.6}$$

即小球重力等于黏滞阻力。重力与小球半径的 3 次方成正比 ($m = (4/3)\rho\pi a^3$), 而黏滞阻力与小球半径的一次方成正比。所以沉降的速度最终与小球半径的平方成正比, 因此沉降速度随小球尺寸的减小下降得非常快。一般认为纳米金颗粒在水中不会沉降, 读者可以估算一下纳米金颗粒在水中沉降的速度。

公式 (1.3) 最主要的特征是阻力 F 和颗粒运动速度 v 的一次方成正比, 这个关系在一般液体中速度 v 不是很高时通常是准确的。另一个特征是阻力的大小 F 不是与运动物体的面积 a^2 成正比, 而是与半径 a 即尺寸的一次方成正比, 无论这个运动物体是个小球还是圆盘。另外一个事实是若为一个椭球, 它实际有两个特征长度, 即长轴和短轴。可以想象这两个尺度都会对椭球所受阻力的大小有贡献。有趣的是在长轴远大于短轴时, 无论椭球沿哪个方向运动, 所受的阻力总是近似与长轴的大小成正比, 而对短轴大小的变化不很敏感。具体对于长短轴 a, b 的旋转椭球, 沿长短轴方向的阻力公式分别为

$$F_{\parallel} = \frac{4\pi\eta av}{\ln\left(\dfrac{2a}{b}\right) - \dfrac{1}{2}} \tag{1.7}$$

$$F_{\perp} = \frac{8\pi\eta av}{\ln\left(\dfrac{2a}{b}\right) + \dfrac{1}{2}} \tag{1.8}$$

这个公式里短轴的贡献是以 $\ln(2a/b)$ 的信号出现的。这意味着椭球的阻力对于长短轴之比并不敏感。这个图像在流体力学里是一个普适性的结论: 最后的效果通常都依赖于物体特征长度里较长的那一个。如果夸张一些, 我们想象一根棍子在水中, 无论怎样运动, 棍子受到的阻力主要由长度而不是截面积决定。这与人们的日常认知相符: 若棍子真的足够长, 阻力总是和长度成正比。

1.2.1 关于黏度的进一步讨论

阻力和液体黏度成正比是一个很自然的结果。我们在物理课本里最早于实验中定义的黏度, 即根据黏滞阻力大小的测量所得。

考虑如何衡量某液体的黏度大小: 把一块薄板放到水面上, 拉动薄板时所感受到的力的大小是可以衡量液体黏度的大小的, 如图 1.6 所示。

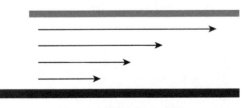

图 1.6 黏度测量示意图

底部为边界, 中间为流体流场速度分布, 最上方为薄板

测量表明这个力和薄板的面积 A 成正比, 与薄板的速度 v 成正比。更仔细的测量还表明与水的深度 h 成反比, 即

$$F \sim Av/h \tag{1.9}$$

　　当然 A, v, h 三个参数无论如何都组合不出力的量纲，所以公式中至少还需要一个系数。同时我们也注意到公式里还缺了一项描述液体性质的系数，这个系数可以用以区分池子里装的是水还是油。我们称这个系数为液体黏度 η。有了这个系数，公式两侧的量纲才可以平衡。我们把 v/h 改写成更准确的表达：$\mathrm{d}v/\mathrm{d}h$，这个表达强调的是在薄板附近所感受到的局域的流体速度梯度。

　　公式 (1.9) 完整的表达是

$$F = \eta A \frac{\mathrm{d}v}{\mathrm{d}h} \tag{1.10}$$

　　如果仔细对比公式 (1.3) 和 (1.10) 应有疑问：为什么小球感受的阻力是和小球的半径 a 成正比的，如公式 (1.3)；但是薄板受到的阻力是与面积 A 成正比的，如公式 (1.10)？

　　从物理直觉上，当小球在水中运动时，水的阻力是作用在球表面上的，表面积每增大一份，表面阻力也应当增大一份。所以看起来公式 (1.10) 的表述是有道理的，总的阻力当然应该和面积 a^2 有关。但公式 (1.10) 中还有一项 $\mathrm{d}v/\mathrm{d}h$，即物体表面所感受到的液体速度梯度。对于小球所受阻力而言，当然也应该有这一项。因此可以推论：小球表面处速度梯度的最终贡献反比于小球的半径 a。

　　以上是从宏观唯象上理解黏度和阻力的。从微观唯象上，普通物理热力学里我们学过关于理想气体近似下热传导方程和流体黏度方程的计算。这两种输运过程在图像上完全能等价于理想气体的扩散图像，只不过前者扩散时携带了热能，后者扩散时携带了动量。

　　具体的方程如下，对比可见所谓扩散系数和黏度之间的联系。

黏度方程：

$$f_v = -\frac{1}{3}\rho\bar{v}\bar{\lambda}\left(\frac{\mathrm{d}u}{\mathrm{d}z}\right)_{z=z_0}\Delta S \tag{1.11}$$

其中 $\frac{1}{3}\rho\bar{v}\bar{\lambda}=\eta$，则式 (1.11) 即为牛顿黏性定律

$$f_v = -\eta\left(\frac{\mathrm{d}u}{\mathrm{d}z}\right)_{z=z_0}\Delta S \tag{1.12}$$

　　热传导方程：

$$\Phi = -\frac{1}{3}\rho\bar{v}\bar{\lambda}c_V\left(\frac{\mathrm{d}T}{\mathrm{d}z}\right)_{z=z_0}\Delta S \tag{1.13}$$

其中 $\frac{1}{3}\rho\bar{v}\bar{\lambda}c_V=\kappa$，则式 (1.13) 即为热传导的傅里叶定律

$$\Phi = -\kappa\left(\frac{\mathrm{d}T}{\mathrm{d}z}\right)_{z=z_0}\Delta S \tag{1.14}$$

气体扩散方程

$$J = -\frac{1}{3}\bar{v}\bar{\lambda}\left(\frac{\mathrm{d}\rho}{\mathrm{d}z}\right)_{z=z_0}\Delta S \tag{1.15}$$

其中 $\frac{1}{3}\bar{v}\bar{\lambda}=D$, 则式 (1.15) 即为菲克 (Fick) 扩散定律

$$J = -D\left(\frac{\mathrm{d}\rho}{\mathrm{d}z}\right)_{z=z_0}\Delta S \tag{1.16}$$

从公式 (1.14)~(1.16) 对比可知流体的黏度等价于动量的扩散本领。黏度等价于动量扩散这一物理图像虽然是在以上理想气体模型中给出的,但在液体的黏度上也同样有效。一个实际经验上的区别在于:理想气体的黏度随温度增高而增大,而在一般液体中黏度随温度增高而减小。原因是对于理想气体模型,粒子间只考虑存在弹性碰撞,而不需考虑任何其他相互作用;而液体分子之间的相互作用在动能传递过程中是不能忽略的:当温度升高时,分子的热运动变得剧烈。这可以视作颗粒间的相互作用相对于热运动被削弱,表现为黏度减小。

之前讨论黏滞系数的大小包括了液体分子的质量。这是可以理解的:所谓的黏度相当于一个小球运动时带动周围液体一起运动的程度,液体分子的质量越大就会越难被带动,等价于黏度越高。因此,为表明纯粹分子间相互作用对黏度的贡献,人们重新定义了一种黏度,即

$$\mu = \eta/\rho \tag{1.17}$$

ρ 是液体的质量密度。这里 μ 称为运动黏度。

前面提到斯托克斯力公式一般只在粒子低速运动时成立。在高速运动条件下,液体的黏度有时不再是常数,而依赖于粒子运动的速度。图像可以这样理解,快速的剪切速度场会改变颗粒附近液体分子的结构,从而改变其分子相互作用的动力学特征,造成有效黏度的改变,具体可以写作

$$F = 6\pi a v \eta(v) \tag{1.18}$$

在这种情况下,宏观表现就是粒子受到的斯托克斯力不再与速度成正比。$\eta(v)$ 的宏观变化趋势有两种,分别称为剪切变稀、剪切变稠。黏度随剪切速率的关系示意图如图 1.7。

大多数的液体都表现为剪切变稀,这与我们的日常经验相符 (当然实际测量中可能还包括高速摩擦使局域液体温度升高而引起的黏度变化,这并不是我们谈到的剪切变稀)。而剪切变稠的物质比较少,在日常生活中的淀粉糊中可以看到这种变化。事实上剪切变稠的效用是如此明显,比如,一个人快速地跑过一个充满淀粉

糊的池子而不沉没下去。性质优良的剪切变稠液体添加到衣服的夹层中可以用来做防弹衣。此设计精妙之处在于，子弹的杀伤力在于其高速运动的动量撞击，而正是因为高速运动才会在剪切变稠液体处受到极大的阻碍。所以从原理上说这种材料并不能防止利器的慢慢刺入，就像如果人不是快速跑过而是站在充满淀粉糊的池子中很快沉下去一样。

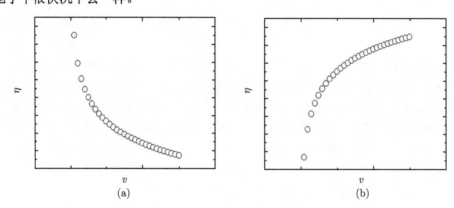

图 1.7　非牛顿流体黏度 η 随剪切速率 v 的关系
(a) 流体黏度 η 随剪切速率 v 的增大而减小, 剪切变稀; (b) 流体黏度 η
随剪切速率 v 的增大而增大, 剪切变稠

1.2.2　黏弹力的引入

　　对于复杂流体黏弹性的研究也是近年来蓬勃发展的领域 [8-13]。若仔细观察人快速踩踏某剪切变稠的液体表面，有些人也许会有这样一个印象：液体表面被踩凹，当踩踏力释放后，凹陷的表面似乎又弹回到原来的位置，而并不是旁边的液体回流到凹坑把它填满。看起来好像液体变形以后，就像弹簧一样产生了反弹力，最后把人支撑起来。初看有些奇怪：液体为什么会有弹性？用液体剪切变稠的概念似乎也能解释人不下沉的原因：在快速剪切下，液体黏度变得很大，而人在每一步踏下的时间都很短，有限的时间里人当然下沉得很少，所以就一路跑过去了。而假若液体真的有弹性，怎么才能测量？

　　首先比较一下弹性力和斯托克斯力的定义。胡克定律表明 $F = kr$；斯托克斯公式则表明 $F = 6\pi\eta av$。在数学图像上，前者是力与物体的位移成正比；后者是力与物体的位移对时间的 1 阶导数成正比[①]。在物理图像上，弹性代表能量存储在形变当中，其特征参数是弹性系数 k；黏度代表能量被耗散掉，其特征参数是 Z。两者的量纲不同，k 的量纲为 $F/L \sim E/A$，单位长度上的力对应于单位面积上的能量；Z 的量纲为 $FL/(Lv) \sim (E/A)/t$，对应于能量面密度随时间的变化。

---

　　① 当然还有牛顿第二定律：力与物体的位移对时间的 2 阶导数成正比。

在实验上，如果一个物体在空间位置上做简谐振动，同时受到这两种力，则弹性力有

$$F = kr(t) = kr_0 \sin(\omega t) \tag{1.19}$$

黏性力有

$$F = 6\pi\eta a\dot{r} = 6\pi\eta a r_0\omega \cos(\omega t) = 6\pi\eta a r_0\omega \sin\left(\omega t + \frac{\pi}{2}\right) \tag{1.20}$$

所以在相位上，黏性力比弹性力差了 $\pi/2$ 相位。因此原则上对于某一种液体，只要强迫其中的胶体颗粒做简谐振动 (实验上可采用光镊的办法)，测量其受力和其简谐位移之间的相位关系，就可以判定该液体是否有弹性，以及所受的弹性力和黏性力的大小比例如何。从公式 (1.20) 可知黏性力的大小正比于频率。给定振幅后频率就可以看作是剪切速率的大小。但以上的讨论仍是基于低速剪切，液体黏滞系数是常数，并不随剪切频率变化。

实验上测量的结果是肯定的，在相当多的高分子溶液中，我们都能检测到弹性力的存在。考虑到黏弹液体，弹性力和黏性力在相位上总是相差 $\pi/2$。自然地我们引入复数来表示这一特性：

$$\eta = \eta(\omega)' + \mathrm{i}\eta(\omega)'' \tag{1.21}$$

这就是所谓的复杂流体黏弹性的表达式。

特别说明一下：原则上液体的剪切变稠特性不等于液体具备黏弹特性。从定义上说，当 η 需要写成 $\eta = \eta(\omega)' + \mathrm{i}\eta(\omega)''$ 时，此液体可称为黏弹液体。而 $\eta = \eta(\omega)$ 的单调变化叫剪切变稀或变稠，只是在描述黏性随频率的变化。在实际中基本上有剪切变稠特性的流体也大都具有黏弹特性，且总是以公式 (1.21) 的形式表达出来。因此人们常常在讨论中把这两者等同起来。

任何材料的物理特性总是和其微观结构有关。高分子溶液中液体弹性来自于高分子在溶液中彼此交叠构成的网络。一般来说，剪切速率低时，液体的性质表现为以黏性为主导；剪切速率高时，弹性的作用开始增强。具体分析，如果剪切很慢，液体内部的高分子网络有足够长的响应时间，网络整体的形变总是能即时响应外界剪切的变化。这类似于材料中的塑性形变，在结构形变中能量都以热能的形式耗散了。如果剪切速率很高，液体内的整体高分子网络结构来不及响应外界的剪切变化，只制造了小的局域形变。当外界剪切消失后，在周围整体网络结构保持不变的结果下近似恢复了原来的构型。这类似于材料中的弹性形变，可以看作能量都以弹性势能形式存储在变形的网络结构中。外部刺激越快，局域形变的空间范围就越小，越容易恢复，表现为弹性越明显。

改变液体黏弹性的方法有很多。一个典型的例子是电磁流变液，即某些胶体溶液加上外场 (电场或磁场) 以后会变成近似固体；撤掉外场之后，又会还原成液体。

物理机制上，这同样是通过外场改变了胶体溶液的微观结构：电场使得胶体颗粒排成链状结构或柱状结构获得比一般高分子溶液更加戏剧化的物理特性。

1.2.3　黏度与表面黏度

以上的黏度概念是物体在液体中感受到的阻力的描述，如公式 (1.10)。

如果液体只有薄薄一层，黏度的定义会有什么不同吗？比如一层肥皂泡，或者水面上漂浮着一层油膜。当物体在这层油膜中运动时，能同时感受到下面水层和油膜的阻力吗？来自于水的阻力可以用上面公式 (1.3) 或 (1.18) 描述，那油膜贡献的阻力怎么描述呢？

想象空间只有一薄层液体 (比如用铁边框撑起来的肥皂水膜)，也可以用之前的方式衡量膜的黏度。把一根线抛到膜的上面，假定这根线的直径和膜的厚度都可以忽略不计 (或者也可假定这根线的直径和膜的厚度相等，总之这不影响此处讨论)。为了使线有固定的运动速度 v，需要施加多大的力 F？与上式类似，力 F 应该和线长 l、速度 v 成正比，与线到两侧边框的距离 h 成反比；此外还需要一个代表膜性质的系数，称为表面黏度 η_{m}(下标 m 的意思来自膜的英文 membrane)，同时此系数也负责配平公式左右的量纲：

$$F = \eta_{\mathrm{m}} l \frac{\mathrm{d}v}{\mathrm{d}h} \tag{1.22}$$

对比公式 (1.10) 这是很自然的结果，看起来没有任何新奇之处。但此处有一点值得注意，η_{m} 系数要负责配平公式左右的量纲。仔细观察可见原本公式 (1.10) 右侧的面积变成了公式 (1.22) 中的长度，而公式左侧的量纲不变。很自然可知 η_{m} 的量纲等于原来液体黏度 η 的量纲乘以长度。如果两个物理量在量纲上都不同，那么它们显然不完全是简单的同一个物理量。

如果考虑水面上有一层油膜这样一个典型系统。我们有 η 和 η_{m} 两个参数来描述系统的特征性质。当然也可以再定义 η_{m}/η 这样一个长度量。既然 η 和 η_{m} 都是系统的特征参数，那这个长度同样表征系统的特征长度，称为 λ：

$$\lambda = \eta_{\mathrm{m}}/\eta \tag{1.23}$$

λ 即为此油水系统的特征长度，称为 Saffman 长度。

此物理量听起来很有趣：无论是油还是水都可看作连续介质，都不需要特征长度这样的参数来刻画其性质；而这样两个没有特征长度的系统放到一起就有了一个特征长度。那么这个特征长度 λ 代表了什么长度？在这个长度上发生了什么事？

事实上任何动力学系统的某一个特征量通常都在描述两种因素竞争的程度。回想之前讨论过特征时间 $\tau = m/Z$ 的含义，它表述的是两个因素 (惯性力和黏性力) 竞争程度的比较。

而在水层 + 油膜的体系中也存在两种因素。想象两个胶体颗粒处于油膜之中，两颗粒之间的流体力学相互作用可以通过两种途径传递：①通过下面的三维水体传递；②通过油膜本身传递。特征长度 λ 的意思是：如果两个颗粒之间的距离等于 λ，通过①、②两种途径传递来的流体力学相互作用强度大小相仿。如果颗粒间距离远大于 λ，流体力学相互作用主要是通过三维水层传递来的 (λ 很小等价于忽略 η_{m})；如果颗粒间距离远小于 λ，流体力学相互作用主要是通过油膜本身传递来的。λ 的另一个理解是物体在油层 (忽略厚度) 中感受到的阻力相当于尺度为 λ 的物体在水中感受到的阻力。

尽管如此，既然 η 和 η_{m} 这两个量都称为黏度，彼此自然也有相通之处。考虑到在微观上黏度对应于动量的扩散，η 和 η_{m} 分别对应于动量在三维体内扩散和二维表面积上扩散。

最后斯托克斯公式右面的系数 6π 是由颗粒的形状等特性决定的。比如说，如果不是一个硬球而是一个球形的气泡在水中运动，且不考虑气泡变形，这个系数是 4π。当速度很小时总可以不考虑气泡变形。此时气泡所感受到阻力相比硬球变小是可以理解的。在硬球条件下我们考虑的是非滑移边界条件，即在颗粒表面的液体分子和颗粒没有相对速度。界面上的液体分子层可以看作是固定吸附在颗粒表面的。而对气泡或其他流体小球 (比如油滴)，颗粒表面的分子在表面是可以有横向速度的。给定同样的边界条件，气泡表面附近的速度梯度场要小于硬球表面速度梯度场。而在液体黏度确定的情况下，阻力的大小和速度梯度成正比。因此与同样尺度的硬球相比，气泡或油滴受到的斯托克斯力偏小是可以预期的。如果是一个圆盘沿垂直面方向运动 (正向运动)，这个系数是 16。

1.2.4 引入运动张量

对上面斯托克斯力公式 (1.3) 进行改写，定义

$$v = k \cdot f, \quad k = (6\pi\eta a)^{-1} \tag{1.24}$$

公式数学形式的变换强调的是不同的物理图像理解。公式 (1.24) 的这个写法强调的是给小球一个力 f，小球最终会得到一个怎样的速度 v。k 描述的是小球在液体中运动难易程度的特征量。

众所周知的亚里士多德经典理论如下：用一个固定的力去推一个物体，它就会有一个固定的速度。此理论后被伽利略否定。但在我们以上讨论的胶体体系里，亚里士多德的理论具有适用性。高耗散的体系内惯性作用是如此之小以至于在大多数情况下可忽略不计。若浮游生物也有智慧能够发展物理学，那么它们的物理学开端应为斯托克斯力公式而非牛顿第二定律。

对于小球来说 k 是标量，意思是力和速度总是同方向。k 是一个常数，说明与力的取向无关。但对于椭球情况有些不同。可以想象，沿长轴方向推球的运动速度

会比较快；而沿短轴推球速度会比较慢。两方向上椭球的 k 不一样。因而需要分别用 k_{xx} 和 k_{yy} 来刻画长轴和短轴方向的情况。

$$k_{xx} = \frac{v_x}{f_x} \tag{1.25}$$

$$k_{yy} = \frac{v_y}{f_y} \tag{1.26}$$

如果读者足够敏感，可能会产生疑问：为何 k 的下标定义用 xx 和 yy 而不是用 x 和 y 表达? 这是一个好问题。因为力和运动不总是同一个方向。

事实上对于椭球，一个标量 k 无法描述其在液体中有多容易运动。我们需要用张量来描述。式 (1.25) 和 (1.26) 中这两个量就是张量对角元上的两个元素。完整的表达是

$$\vec{k} = \begin{pmatrix} k_{xx} & k_{xy} \\ k_{yx} & k_{yy} \end{pmatrix} \tag{1.27}$$

仿照对角元的定义，非对角元的定义是

$$k_{xy} = \frac{v_x}{f_y} \tag{1.28}$$

$$k_{yx} = \frac{v_y}{f_x} \tag{1.29}$$

一般来说，这两个数可以等于零。但如果不为零，这两个量的物理意义也很清楚：在 x 方向施加力，小球在 y 方向的速度有多快。可以想象一下，水平力推动一个斜面上的滑块。

上述这些性质和电学中学到的图像非常类似。光学和电学里物质的性质和频率相关 (折射率)，光的传播速度和频率有关。对比前面的剪切变稠或变稀，这里动量的扩散也只不过和剪切速率有关而已。而液体黏弹性可以对应电抗 ～ 感抗 (容抗)，同样也是两者相位相差 $\pi/2$，分别对应能量的存储和耗散。又比如电学中的介电常数张量物理图像也类似。介电常数张量对角元刻画的是在 x 方向施加电场，物质在 x 方向极化的程度；非对角元刻画的是在 x 方向施加电场，物质在 y 方向极化的程度。

1.2.5　微观的对称与宏观的不对称

黏度代表动量的扩散，热传导系数代表热能的扩散。这些扩散本质上都对应着粒子数的扩散。对于一个空间上存在梯度 (温度梯度、浓度梯度或速度梯度) 的体系，其对应的流动 (热流、气体扩散流或动量流) 都是有固定方向的。但是对于体系里任一微观粒子，其运动方向在各个方向的概率是一样的。就是说如果计算任意

粒子的平均位移最后总是零，观察每一个粒子本身都看不到定向运动的趋势。初听起来这是一个悖论。

我们可以换一个角度理解这种宏观流动。本质上这种宏观流对应的是一种概率流。比如以理想气体的扩散为例，所谓粒子在该处空间的数密度 n 都可以用粒子出现在某空间某一位置的概率 p 来等价。可以想象这种概率流的流量应该正比于概率流的梯度。

以一维扩散为例，通过某一平面的粒子数流量密度

$$j = -\frac{dn}{dx} \tag{1.30}$$

公式右侧至少还需要一个系数。物理上这个系数可以描述单个粒子的运动快慢。考虑公式两侧的量纲，此系数的量纲为距离的平方 / 秒，所以也写作 D，有

$$j = -D\frac{dn}{dx} \tag{1.31}$$

这与公式 (1.16) 是同一公式，此处 $j = J/\Delta S$。有些书上称其为菲克 (Fick) 第一定律。

同样，空间某一处概率密度随时间的变化应该等于概率流的流入和流出差值，严格的数学表示是

$$\frac{dn}{dt} = -\frac{dj}{dx} = D\frac{d^2n}{dx^2} \tag{1.32}$$

这是标准的扩散方程。在有些书上称其为菲克 (Fick) 第二定律。本质上这就是一个最简单的连续性方程，就是前面公式 (1.16) 所讲述的图像。

扩散方程 (1.32) 的解析解如下式：

$$n(x,t) = \frac{N}{(4\pi Dt)^{1/2}}e^{-x^2/(4Dt)} \tag{1.33}$$

这是一个随时间逐渐变宽的高斯分布 (同公式 (1.2)，对应曲线的形式和前面图 1.5 的形式相同。这就是我们讲的墨水在空间中的颜色分布随时间演化的图像。此处我们谈论的扩散系数 D 与前面定义的扩散系数 D 是同一个量。如果假定墨水分子的扩散系数大概是 $100\mu m^2/s$，在一个直径 10cm 烧杯中心滴一滴墨水，读者可以估算墨水扩散到杯壁的时间数量级大概是多少。最后结果比想象的要慢很多[①]。

---

① 这是因为我们在日常生活中不会看到单扩散的图像。实际情况中墨水会散开，但并不是以一个逐渐增大的、中心对称的墨水球形式散开的，而是总表现为对流和扩散同时发生。在普通的墨水散开的情况下，总是对流起主导地位。而对于烧杯里看起来总是静止的水，其对流的来源在于环境的温度不会绝对均匀。温度的任何变化都会引起水的密度发生变化，而水作为简单流体时只表现出黏度，这意味着它不能承受任何的剪切力，任何密度上的扰动都会带来对流。事实上，墨水的轨迹就是显示这种对流的最好方式。

更高维空间下, 公式 (1.32) 写作

$$\frac{\partial n(r,t)}{\partial t} = D\nabla^2 n(r,t) \tag{1.34}$$

$\nabla^2 = \frac{\partial^2}{\partial x^2} + \frac{\partial^2}{\partial y^2} + \frac{\partial^2}{\partial z^2}$ 为三维拉普拉斯算符。因此用流量扩散的办法, 我们也可以测量扩散系数。

微观上不定向的扩散可以产生宏观上定向的流动并不矛盾。因为本质上这种流动对应的是宏观上空间概率分布不均匀: 扩散是实现这种流动的手段, 空间梯度才是产生流动的原因。

以上结果不仅在理论上是重要的, 在实际中也有很直接的结果。比如在细胞膜的表面会存在很多离子通道, 细胞中很多重要的生化过程都是被离子浓度调控的。而离子在通道打开时的输运都是以扩散的形式完成的。

我们可以利用以上知识分析一下细胞的吸收本领。对最简单的模型: 把细胞看作近似球形, 半径为 R, 细胞外部某种离子的浓度为 C。假设细胞是一个吸收球, 任何离子碰到细胞表面都像碰到一个黑洞一样被吸收。此离子进入细胞表面的扩散流的大小即对应于细胞对该种离子的吸收能力。

给定微分方程 (1.34), 此方程的解由边界条件决定: 假定无穷远处的离子浓度为 n_0, 细胞球内的离子浓度保持为零。基于此, 可以理解该离子浓度在空间中的稳定分布。由此分布, 根据菲克第一定律得到在细胞球表面离子流的流量。这里我们不去严格推导, 但可以从量纲上估计一下最后解的样子。系统的特征参数只是 n_0、R、D。总流量应该随 n_0、R、D 增大而增大。计算可知 $n_0 R D$ 三者相乘的量纲就是流量量纲。最后有

$$J = 4\pi D n_0 R \tag{1.35}$$

此处总的流量与细胞的半径成正比而不是与细胞面积成正比。我们之前在讨论斯托克斯力时间过类似的问题, 读者可以参照一下。

事实上这与球形金属的电容公式很像。读者可以考虑物理图像上有什么相同之处。

实际中的细胞都是通过离子通道来吸收或放出离子的。每个离子通道的孔径 r 远远小于细胞的半径 R。如果估算每个离子通道的吸收本领, 可以把通道视为在一个无限大平板上开了一个半径为 r 的吸收孔。

用相同的方法算出这个离子通道的流量 (这是同样的方程, 只是代入边界条件不同而已), 有

$$J = 4D n_0 r \tag{1.36}$$

同样看到流量与系统的尺度成正比。当然一个细胞上会有很多个离子通道，只要离子通道之间间隔得足够远，每个离子通道的流量都可以用上面的公式近似。

在 *Random Walks in Biology* 一书中，作者 Howard C. Berg 根据流量公式 (1.35) 和 (1.36)，问了一个很有趣的问题：对于直径为 5μm 的一个细胞，每个离子通道的半径为 1nm，细胞表面上大概会有多少种离子通道？请注意，这个问题不是问可以有多少个离子通道，而是可以有多少种离子通道。作者用流阻对比电阻的图像最后估算最多是几百种[1]。

1.3　Ornstein-Uhlenbeck 过程

1.3.1　朗之万 (Langevin) 方程

颗粒在液体中受到液体分子的随机碰撞而产生随机运动，其实空间的轨迹微分方程一般用朗之万方程 (Langevin equation) 描述。朗之万方程本质上就是颗粒受力的牛顿第二定律的具体形式。以一维情况为例，F_c 表示颗粒受到的斯托克斯阻力，表示颗粒受到的涨落力，则描述这个颗粒的牛顿第二定律方程为

$$m\dot{v} = F_c(t) + F_f(t) = -6\pi\eta a v(t) + F_f(t) \tag{1.37}$$

上式两边同时除以质量 m，则可得

$$\dot{v} = -\gamma v(t) + \Gamma(t) \tag{1.38}$$

其中 $\gamma = 6\pi\eta a/m$，$\Gamma(t)$ 是单位质量的涨落力，也常被称为朗之万力 (Langevin force)，它满足如下的性质：

$$\langle \Gamma(t) \rangle = 0 \tag{1.39}$$

$$\langle \Gamma(t)\Gamma(t') \rangle = q\delta(t - t') \tag{1.40}$$

式中，$\Gamma(t)$ 自相关函数为 δ 函数，这表明朗之万力被视为白噪声。对此自相关函数作傅里叶变换可以得到白噪声的直观解释：功率密度谱线为常数，说明每个频率模式的功率都相同。

假设在 $t = 0$ 时刻的颗粒具有初始速度 v_0，那么通过解微分方程 (1.38)，可以得到颗粒速度随时间的变化关系：

$$v(t) = v_0 e^{-\gamma t} + \int_0^t e^{-\gamma(t-t')}\Gamma(t')\mathrm{d}t' \tag{1.41}$$

---

[1] 这里的一个关键物理思维是：要估计一种离子通道的数目增加到多少个以后，流量通量就可以认为趋近于饱和。

利用式 (1.40) 和 (1.41)，可以得到颗粒速度的自相关。当 t_1 与 t_2 都较大时，速度的自相关公式为

$$\langle v(t)v(t') \rangle = \frac{q}{2\gamma}\mathrm{e}^{-\gamma|t-t'|} \tag{1.42}$$

如之前的描述 $\gamma^{-1} = m/(6\pi\eta a)$ 代表粒子速度衰减的特征时间。当布朗颗粒处于平衡态时，布朗颗粒的平均动能满足能量均分定理：

$$\begin{aligned}
\langle E \rangle &= \frac{1}{2}m\langle v(t)^2 \rangle \\
&= \frac{1}{2}m\frac{q}{2\gamma} = \frac{1}{2}k_{\mathrm{B}}T
\end{aligned} \tag{1.43}$$

由此可以推得 $q = 2\gamma k_{\mathrm{B}}T/m$。

同样我们可以计算颗粒的平均平方位移 (MSD)。假设在 $t = 0$ 的时刻，颗粒处于 t 的位置，那么在 t 时刻颗粒的平均平方位移为

$$\langle x(t)^2 \rangle = \iint_0^t \langle v(t_1)v(t_2) \rangle \mathrm{d}t_1\mathrm{d}t_2 \tag{1.44}$$

将式 (1.42) 代入式 (1.44) 中，并分别对每项做二次积分，最后化简可得到颗粒平均平方位移为

$$\langle x(t)^2 \rangle = 2D(t - \tau(1 - \mathrm{e}^{-t/\tau})) \tag{1.45}$$

其中 $\tau = \gamma^{-1}$，D 便是颗粒的扩散系数。

对公式 (1.45) 在 $t \ll \tau$ 时作泰勒展开，略去高阶项有 $\langle x(t)^2 \rangle \sim t^2$。这即对应之前所讨论的弹道运动。此时惯性的作用远大于黏滞阻力。

当 $t \gg \tau$ 时，公式 (1.45) 简化为公式 (1.1)：

$$\langle x(t)^2 \rangle = 2Dt \tag{1.46}$$

对应于惯性的作用远小于黏滞阻力，粒子表现为布朗运动。

以上过程就是随机过程经典的 Ornstein-Uhlenbeck 理论 (O-U 过程) 的主要内容。

1.3.2　Fokker-Planck 方程

对于每一描述粒子在实空间运动的朗之万方程，都可对应一个 Fokker-Planck 方程，它描述在体系概率空间的概率流动和扩散 [14]。

$$\frac{\partial W}{\partial t} = \left[-\frac{\partial}{\partial x}D^{(1)}(x) + \frac{\partial^2}{\partial x^2}D^{(2)}(x) \right]W \tag{1.47}$$

其中，W 为概率分布函数。如果假定 $D^{(1)}=0$，并且 $D^{(2)}$ 为常数，则上面公式就退化为

$$\frac{\partial W}{\partial t} = D^{(2)} \frac{\partial^2}{\partial x^2} W \tag{1.48}$$

这对应着之前的扩散方程 (1.34)，因此在这里 $D^{(2)}(x)$ 对应扩散系数 (以 x 为自变量表示，$D^{(2)}$ 可能是空间位置的函数)。同样，如果假定 $D^{(2)}(x) = 0$，并且 $D^{(1)}(x)$ 为常数，以上方程退化为

$$\frac{\partial W}{\partial t} = -D^{(1)} \frac{\partial}{\partial x} W \tag{1.49}$$

这代表空间某一处的概率变化完全来自于旁边概率的漂移。所以公式 (1.47) 中 $D^{(1)}(x)$ 代表漂移速率 (以 x 为自变量表示各处的漂移速率可能不同)。

以日常生活为例，我们闻到远处灶台边飘来炒菜的香味，这种香味可以是风吹过来的，这是由公式 (1.49) 描述的，$D^{(1)}$ 对应风速。但即使屋子里没有风，香味也可以从灶台那边扩散过来，这是由公式 (1.48) 描述的，$D^{(2)}$ 对应气味分子的扩散系数。一般情况下，当然是两种情况结合的结果。

$D^{(1)}$ 和 $D^{(2)}$ 的具体形式是其对应的广义朗之万方程决定的，称为 Kramers-Moyal 展开系数。

一般地，广义朗之万方程有几种写法，一种可写为

$$\dot{\xi} = h(\xi, t) + g(\xi, t)\Gamma(t) \tag{1.50}$$

其中的噪声 $\Gamma(t)$ 依然满足高斯白噪声的性质，不同的是反映噪声强度的系数 q 被吸收到了函数 $g(\xi, t)$ 中。通常情况下，一个广义的随机微分方程 (1.50) 并不容易解，但我们可以通过构造一个与公式 (1.50) 相对应的 Fokker-Planck 方程进而求解概率密度函数。在对应的 Fokker-Planck 方程中，Kramers-Moyal 展开系数具有以下形式：

$$D(n)(x, t) = \frac{1}{n!} \lim_{\tau \to 0} \frac{1}{\tau} \left\langle \left[\xi(x + \tau) - x\right]^n \right\rangle \big|_{\xi(t) = x} \tag{1.51}$$

在满足极限条件 $\tau \to 0$ 时，我们可以导出 Kramers-Moyal 展开系数：

$$D^{(1)}(x, t) = h(x, t) + g'(x, t)g(x, t) \tag{1.52}$$

$$D^{(2)}(x, t) = g^2(x, t) \tag{1.53}$$

$$D^{(n)}(x, t) = 0, \quad n \geqslant 3 \tag{1.54}$$

以上的推导都是针对只有一个随机变量的朗之万方程而言的，如果朗之万方程具有 n 个随机变量 $\{\xi\}$，那么它满足如下形式：

$$\dot{\xi}_i = h(\{\xi\}, t) + g_{ij}(\{\xi\}, t)\Gamma_j(t) \tag{1.55}$$

其中噪声 $\Gamma_j(t)$ 依然满足高斯白噪声的性质，有

$$\langle \Gamma_i(t) \rangle = 0 \tag{1.56}$$

$$\langle \Gamma_i(t)_j \Gamma(t') \rangle = 2q_{ij}\delta(t - t') \tag{1.57}$$

与之对应的具有 n 个变量 $\{x\}$ 的广义 Fokker-Planck 方程具有以下形式：

$$\frac{\partial W}{\partial t} = \left[-\sum_{i=1}^{n} \frac{\partial}{\partial x_i} D_i^{(1)}(\{x\}) + \sum_{i,j=1}^{n} \frac{\partial^2}{\partial x_i \partial x_j} D_{ij}^{(2)}(\{x\}) \right] W \tag{1.58}$$

式 (1.58) 中的漂移矢量 $D^{(1)}$ 和扩散矢量 $D^{(2)}$ 是 n 个变量 $\{x\} = x_1, x_2, \cdots, x_n$ 的函数。由上可知，如得到 $D^{(1)}$ 和 $D^{(2)}$ 的具体形式，相对应的 Fokker-Planck 方程也就可以很自然地得到。具体形式为一阶 Kramers-Moyal 系数 [14]：

$$D_i^{(1)}(\{x\}, t) = h_i(\{x\}, t) + g_{kj}(\{x\}, t) \frac{\partial}{\partial x_k} g_{ij}(\{x\}, t) \tag{1.59}$$

二阶 Kramers-Moyal 系数为

$$D_{ii}^{(2)}(\{x\}, t) = g_{ik}(\{x\}, t)g_{kj}(\{x\}, t) \tag{1.60}$$

对于朗之万方程和 Kramers-Moyal 系数的理解和应用在自驱动粒子的章节会有进一步的讨论。

1.4   受限环境对颗粒自扩散行为的影响

以上讨论的都是在无限环境下颗粒的自扩散。在很多实际情况下，胶体颗粒是处于受限环境的，比如处于各种界面附近 [15-23]。此时由于界面的滑移或非滑移边界条件，界面附近局域范围内的流场空间梯度分布和界面性质有关。此时胶体颗粒的自扩散受边界界面影响，并且这种影响和相对界面的距离通常很敏感。实验上一般可以用光镊的方法来控制颗粒在界面附近的位置 [24-26]。不同界面条件下 (油–水界面、水–气界面、非滑移界面)，颗粒扩散系数与界面距离 z 的变化关系都不相同 [27]。

我们已知几种测量颗粒自扩散的方法，一是测量颗粒的平均平方位移随时间变化的曲线，根据公式 $\langle r^2 \rangle = 4Dt$，通过求时间的斜率得到扩散系数 D。这种方法需要对颗粒进行一段时间的跟踪才能获得随时间变化的曲线。

另外一种测量方法是不需要长时间跟踪，只要多次测量颗粒在给定时间间隔 Δt 内的位移。然后对得到的所有位移做概率密度分布曲线 $n(r, \Delta t)$，根据高斯分布

公式 (1.33)，对 $n(r, \Delta t)$ 曲线拟合从中得到扩散系数 D。这种方法适合短时间颗粒追踪的系统。

这里我们介绍另外一种测量方法：当使用光镊时，系统对布朗粒子施加了一个简谐力的势阱。则在光镊势井内，忽略惯性项颗粒的运动方程为

$$\gamma_\| \frac{\mathrm{d}x}{\mathrm{d}t} = -kx + F_{\mathrm{f}}(t) \tag{1.61}$$

$\gamma_\|$ 为颗粒在流体中的黏滞系数，下标 $\|$ 表示平行于界面方向。$\gamma_\|$ 的数值与颗粒到界面的距离相关。k 为光镊简谐力弹性系数，F_{f} 为颗粒受到的噪声。

$$x(t) = x_0 \mathrm{e}^{-t/\tau_\|} + \frac{1}{\mu_\|} \int_0^t \mathrm{e}^{-(t-t')/\tau_\|} F_{\mathrm{f}}(t')\mathrm{d}t' \tag{1.62}$$

此处 $\tau_\| = \gamma_\|/k$ 为系统的特征时间。$\gamma_\|$ 的数值与颗粒到界面的距离相关，可以通过颗粒位移的自关联函数得到。颗粒位移自关联如下：

$$C(t) = \langle x(0)x(t) \rangle = \frac{k_{\mathrm{B}}T}{k} \mathrm{e}^{-t/\tau_\|} \tag{1.63}$$

通过式 (1.63) 对颗粒位移自关联拟合，可得到系统的特征时间 $\tau_\|$。将得到的颗粒位置 $x(t)$ 作傅里叶变换，得到 $x(\omega)$，计算颗粒位移的功率谱密度 $\mathrm{PSD}(\omega)$，结果如图 1.8。通过式 (1.64) 可以拟合出平行于平面的扩散系数 $D_\|$。

$$\mathrm{PSD}(\omega) = \langle |\tilde{x}(\omega)^2| \rangle = \frac{2D_\|}{\tau_\|^{-2} + \omega^2} \tag{1.64}$$

对于不同的边界条件，实验上改变颗粒到界面的距离 z，拟合颗粒功率谱密度得出不同距离 z 处颗粒的扩散系数，实验测量结果如图 1.9 所示。根据计算的颗粒扩散系数随颗粒到界面距离的关系，可见对不同界面，实验测量结果满足

$$\frac{D_{\|,\perp}(z)}{D_0} \approx 1 + \alpha_{\|,\perp} \frac{a}{z} \tag{1.65}$$

下标 $\|, \perp$ 表示平行或垂直于界面方向。

图 1.9(b) 与理论公式比较可得

$$\frac{D_\|(z)}{D_0} = 1 - \frac{9}{16}\frac{a}{z} \pm \zeta\left(\frac{a^3}{h^3}\right) \tag{1.66}$$

$$\frac{D_\perp(z)}{D_0} = 1 - \frac{9}{8}\frac{a}{z} \pm \zeta\left(\frac{a^3}{h^3}\right) \tag{1.67}$$

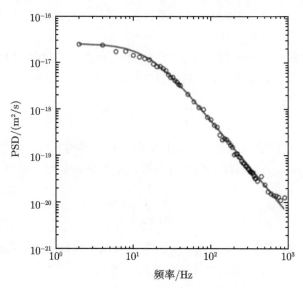

图 1.8　胶体位移的功率谱密度函数

实线是式 (1.66) 的拟合结果 (出自参考文献 [27])

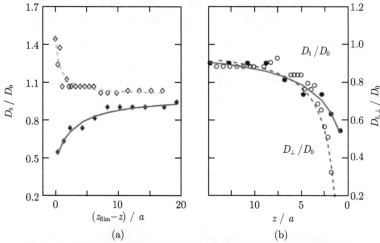

图 1.9　颗粒到界面不同距离处测量的各向扩散系数随距离的变化

(a) 平行于平面的扩散系数 $\dfrac{D_{\parallel}}{D_0}$ 随颗粒到界面距离 $\dfrac{z_{\mathrm{film}}-z}{a}$ 的关系, 空心菱形为水–气界面, 实心菱形为

水–油界面, 水–气界面为完全滑移界面。(b) 水固界面附近平行、垂直于界面方向的扩散 $\dfrac{D_{\parallel,\perp}}{D_0}$ 随颗粒到

界面距离 $\dfrac{z}{a}$ 的关系, 空心圆为 $\dfrac{D_{\perp}}{D_0}$, 实心圆为 $\dfrac{D_{\parallel}}{D_0}$, 图中曲线为公式 (1.66) 和 (1.67) 的

拟合结果 (出自参考文献 [27])

单侧壁附近颗粒的扩散系数不仅是颗粒位置 z 的函数，而且各向异性。单侧固体壁所引起的空间对称性破缺使得胶体颗粒在其平行于固体壁和垂直于固体壁两个方向上的扩散系数 ($D_\parallel$ 和 $D_\perp$) 并不相同。

如之前的讨论，固体壁的存在使得胶体颗粒扩散变慢，而且在垂直界面方向上的抑制要比水平方向的抑制更强。

数值上更准确但是表达更繁琐 (包括高阶项) 的公式是 [28,29]

$$\frac{D_\parallel(z)}{D_0} = 1 - \frac{9}{15}\ln\left(1 - \frac{a}{z}\right) + 0.029\left(\frac{a}{z}\right) + 0.04973\left(\frac{a}{z}\right)^2 - 0.1249\left(\frac{a}{z}\right)^3 \qquad (1.68)$$

$$\frac{D_\perp(z)}{D_0} = \frac{6 - 10(a/z) + 4(a/z)^4}{6 - 3(a/z) - (a/z)^2} \qquad (1.69)$$

在水–气系统中，由于靠近界面附近颗粒受到的黏性力小于在三维流体中受到的黏性力。水–气完全滑移界面减弱了附近流体的黏性力，促进了颗粒的扩散。

$$\frac{D_\parallel(z)}{D_0} \approx 1 + \frac{3}{8}\frac{a}{z} \qquad (1.70)$$

$$\frac{D_\perp(z)}{D_0} \approx 1 - \frac{3}{4}\frac{a}{z} \qquad (1.71)$$

在水–油界面，颗粒受到的黏性力大于在水中受到的黏性力，即部分滑移界面增大了界面附近流体的黏性力，减弱了颗粒扩散。

胶体颗粒扩散系数在界面附近变化是很重要的现象。我们知道扩散系数在空间的梯度分布会影响颗粒在空间的密度分布。而颗粒在边界附近的密度差异会造成局域空间的渗透压，从而影响这些颗粒的扩散动力学。实际情况中颗粒可以是纳米颗粒，或者水中的离子，或者细胞内靠近细胞膜的各种蛋白质。在边界附近，扩散系数空间梯度分布是一个很重要的现象，可能是很多流体力学边界现象的原因之一。

1.5　流体力学影响下颗粒速度自相关行为

胶体颗粒的动力学性质包含在它的速度自相关函数当中 [30-34]。按照前面所讲的标准 O-U 过程，胶体颗粒的速度自相关函数是呈指数衰减的，如公式 (1.42)。但是如果考虑颗粒量和周围液体长程流体力学相互作用，即颗粒传递给周围流体的动量有一部分最终会通过流体本身的惯性作用重新返回胶体颗粒。Alder 和 Wainwright 理论计算预计胶体颗粒的最终速度自相关满足一个更长程衰减幂指数 [31,35]

$$\langle v(t)v(0)\rangle \sim t^{-d/2} \qquad (1.72)$$

此处 d 是系统的空间维数。因此对于无限三维流体环境中的胶体颗粒，长时间的速度自相关服从 $t^{-3/2}$ 的衰减规律。

考虑流体惯性对颗粒的影响，颗粒除了受到斯托克斯力之外还要受到一项 Boussinesq-Basset 作用力

$$F_{\mathrm{BB}}(t) = -6a^2\sqrt{\pi\eta\rho}\int_0^t \frac{\dot{v}(\tau)}{\sqrt{t-\tau}}\mathrm{d}\tau \tag{1.73}$$

$F_{\mathrm{BB}}(t)$ 代表对历史的记忆。含有记忆项的广义朗之万方程的写法通常为

$$m\frac{\mathrm{d}v}{\mathrm{d}t} = -\int_0^t \zeta(t-\tau)v(\tau)\mathrm{d}\tau + F_{\mathrm{f}}(t) \tag{1.74}$$

此处 $F_{\mathrm{BB}}(t)$ 包含在广义的 $\zeta(t-\tau)$ 函数形式当中。公式 (1.73) 中的 $1/\sqrt{t-\tau}$ 项代表这是一个长时记忆，对应的颗粒速度自相关运动满足 $t^{-3/2}$ 的规律。

更简单的图像可以想象为颗粒带动周围流体运动，所带动的周围流体范围的半径正比于扩散时间 $t^{-1/2}$，因此对应所带动的流体体积是 $t^{-3/2}$。由于动量守恒，流体所得到的速度反比于流体质量：$v \sim t^{-3/2}$。这是速度自相关中指数 $(-3/2)$ 的来源。这个更慢的自相关衰减所带来的后果是，颗粒的扩散系数需要经过更长的弛豫时间 (朗之万方程所预测的) 才能趋近到最终扩散系数 D_0。

然而在固体边界附近由于局域流场梯度的改变，平行界面方向上颗粒速度自相关的衰减更加迅速，满足

$$\langle v(t)v(0)\rangle_{\parallel} \approx \alpha t^{-5/2} \tag{1.75}$$

分子动力学模拟的结果如图 1.10 所示。但是在垂直方向上的自相关随时间的变化趋势目前理论上还没有统一定论 [36-38]，分别有

$$\langle v(t)v(0)\rangle_{\perp} \approx \beta t^{-7/2} \tag{1.76}$$

或

$$\langle v(t)v(0)\rangle_{\perp} \approx -\beta_1 t^{-5/2} + \beta_2 t^{-7/2} \tag{1.77}$$

目前的实验结果因为精度所限，还很难区分何者正确。我们看到即使是关于边界处颗粒速度自相关这样的基本问题也还没有完全清楚，所以对于布朗运动的研究还远没有止境 [35,39-41]。

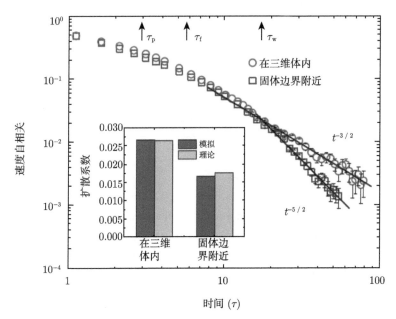

图 1.10　胶体颗粒速度自相关曲线分子动力学模拟结果

圆圈符号表示在三维体相中, 方块符号表示在固体界面附近 (出自参考文献 [19])

小结: 本章从基本物理图像出发介绍了胶体颗粒的布朗运动, 详细介绍了扩散系数的物理意义, 讲述了多种方法计算胶体颗粒的扩散系数。通过对爱因斯坦关系和斯托克斯力的分析, 讨论黏度、表面黏度、液体黏弹性、运动张量等概念。通过朗之万方程的基本解介绍 O-U 过程和引入 Fokker-Planck 方程 (为第 5 章做理论铺垫)。介绍相关问题的最近科研进展: 边界界面如何影响胶体颗粒自扩散以及颗粒速度的自相关函数, 包括目前还待解决的问题。

参 考 文 献

[1] Dhont J K G. An introduction to dynamics of colloids. Amsterdam: Elsevier, 1996.

[2] Russel W B, Saville D A, Schowalter W R. Colloidal Dispersions. Cambridge: Cambridge University Press, 1992.

[3] Li X, Vlahovska P M, Karniadakis G E. Continuum- and particle-based modeling of shapes and dynamics of red blood cells in health and disease. Soft Matter, 2013, 9(1): 28-37.

[4] Frey E, Kroy K. Brownian motion: a paradigm of soft matter and biological physics. Annalen der Physik, 2005, 14(1-3): 20-50.

[5]　Li T, Raizen M G. Brownian motion at short time scales. Annalen der Physik, 2013, 525(4): 281-295.

[6]　Blum J, Bruns S, Rademacher D, et al. Measurement of the translational and rotational Brownian motion of individual particles in a rarefied gas. Physical Review Letters, 2006, 97(23): 230601.

[7]　Pusey P N. Brownian motion goes ballistic. Science, 2011, 332(6031): 802-803.

[8]　Cicuta P, Donald A M. Microrheology: a review of the method and applications. Soft Matter, 2007, 3(12): 1449-1455.

[9]　Mason T G, Weitz D A. Optical measurements of frequency-dependent linear viscoelastic moduli of complex fluids. Physical Review Letters, 1995, 74(7): 1250-1253.

[10]　Squires T M, Mason T G. Fluid mechanics of microrheology. Annual Review of Fluid Mechanics, 2010, 42(1): 413-438.

[11]　Squires T M, Quake S R. Microfluidics: fluid physics at the nanoliter scale. Reviews of Modern Physics, 2005, 77(3): 977-1026.

[12]　Waigh T A. Microrheology of complex fluids. Reports on Progress in Physics, 2005, 68(3): 685-742.

[13]　Waigh T A. Advances in the microrheology of complex fluids. Reports on Progress in Physics, 2016, 79(7): 074601.

[14]　Risken H. The Fokker-Planck equation.//Haken H. Methods of Solution and Applications. Heidelberg: Springer-Verlag, 1989.

[15]　Shaik V A, Ardekani A M. Motion of a model swimmer near a weakly deforming interface. Journal of Fluid Mechanics, 2017, 824: 42-73.

[16]　Huang S, Gawlitza K, von Klitzing R, et al. Structure and rheology of microgel monolayers at the water/oil interface. Macromolecules, 2017, 50(9): 3680-3689.

[17]　Daddi-Moussa-Ider A, Lisicki M, Gekle S. Mobility of an axisymmetric particle near an elastic interface. Journal of Fluid Mechanics, 2017, 811: 210-233.

[18]　Benavides-Parra J C, Jacinto-Méndez D, Brotons G, et al. Brownian motion near a liquid-gas interface. Journal of Chemical Physics, 2016, 145(11): 114902.

[19]　Huang K, Szlufarska I. Effect of interfaces on the nearby Brownian motion. Nature Communications, 2015, 6: 8558.

[20]　Wang G M, Prabhakar R, Gao Y X, et al. Micro-rheology near fluid interfaces. Journal of Optics, 2011, 13(4): 044009.

[21]　Wang D, Yordanov S, Paroor H M, et al. Probing diffusion of single nanoparticles at water-oil interfaces. Small, 2011, 7(24): 3502-3507.

[22]　Sellier A, Pasol L. Migration of a solid particle in the vicinity of a plane fluid-fluid interface. European Journal of Mechanics-B/Fluids, 2011, 30(1): 76-88.

[23]　Lee M H, Cardinali S P, Reich D H, et al. Brownian dynamics of colloidal probes during

protein-layer formation at an oil-water interface. Soft Matter, 2011, 7(17): 7635-7642.

[24] Pancorbo M, Rubio M A, Domínguez-García P. Brownian dynamics simulations to explore experimental microsphere diffusion with optical tweezers. Procedia Computer Science, 108: 166-174.

[25] Scháffer E, Nørrelykke S F, Howard J. Surface forces and drag coefficients of microspheres near a plane surface measured with optical tweezers. Langmuir, 2007, 23(7): 3654-3665.

[26] Berg-Sørensen K, Flyvbjerg H. Power spectrum analysis for optical tweezers. Review of Scientific Instruments, 2004, 75(3): 594-612.

[27] Wang G M, Prabhakar R, Sevick E M. Hydrodynamic mobility of an optically trapped colloidal particle near fluid-fluid interfaces. Phys. Rev. Lett., 2009, 103(24): 248303.

[28] Carbajal-Tinoco M D, Lopez-Fernandez R, Arauz-Lara J L. Asymmetry in colloidal diffusion near a rigid wall. Physical Review Letters, 2007, 99(13): 138303.

[29] Bevan M A, Prieve D C. Hindered diffusion of colloidal particles very near to a wall: revisited. Journal of Chemical Physics, 2000, 113(3): 1228-1236.

[30] Cohen L, A review of brownian motion based solely on the Langevin equation with white noise//Qian T, Rodino L G. Mathematical Analysis, Probability and Applications-Plenary Lectures. New York: Springer, 2016.

[31] Alder B J, Wainwright T E. Decay of the velocity autocorrelation function. Physical Review A, 1970, 1(1): 18-21.

[32] Dorfman J R, Cohen E G D. Velocity-correlation functions in 2 and 3 dimensions-low-density. Physical Review A, 1972, 6(2): 776-790.

[33] Tsang T, Maclin A P. Velocity autocorrelation functions in classical fluids. Physica, 1974, 77(2): 361-371.

[34] Chakraborty D. Velocity autocorrelation function of a Brownian particle. European Physical Journal B, 2011, 83(3): 375-380.

[35] Kheifets S, Simha A, Melin K, et al. Observation of Brownian motion in liquids at short times: instantaneous velocity and memory loss. Science, 2014, 343(6178): 1493-1496.

[36] Felderhof B U. Backtracking of a sphere slowing down in a viscous compressible fluid. The Journal of Chemical Physics, 2005, 123(4): 044902.

[37] Gotoh T, Kaneda Y. Effect of an infinite-plane wall on the motion of a spherical Brownian particle. The Journal of Chemical Physics, 1982, 76(6): 3193-3197.

[38] Wakiya S. Effect of a plane wall on the impulsive motion of a sphere in a viscous fluid. Journal of the Physical Society of Japan, 1964, 19(8): 1401-1408.

[39] Felderhof B U. Velocity relaxation of a porous sphere immersed in a viscous incompressible fluid. The Journal of Chemical Physics, 2014, 140(13): 134101.

[40] Li T, Kheifets S, Medellin D, et al. Measurement of the instantaneous velocity of a
      Brownian particle. Science, 2010, 328(5986): 1673-1675.

[41] Felderhof B U. Diffusion and velocity relaxation of a Brownian particle immersed in a
      viscous compressible fluid confined between two parallel plane walls. Journal of Chem-
      ical Physics, 2006, 124(5): 3785.

第 2 章　界面胶体间的热力学相互作用

对于一个多粒子体系, 粒子之间的结构永远是人们关心的问题。基本上体系的结构决定了材料所有重要的物理特性。微观上在给定体系的外部条件后, 此体系中粒子的相互结构主要受粒子之间相互作用的调制。另一方面, 在给定体系的外部条件后, 粒子的运动状态也同样受粒子间相互作用所约束。因此粒子间的相互作用是最基本的问题。以上的关系可用如图 2.1 表示。

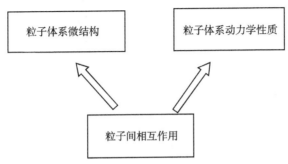

图 2.1　粒子间相互作用与体系动力学性质、体系微结构之间的关系

胶体颗粒之间的相互作用与胶体颗粒的基本性质有关。按带电性质分, 可以分为带电粒子和不带电粒子。按亲水性分, 可分为亲水粒子和亲油粒子。按材料分, 最常见的胶体颗粒为玻璃、聚苯乙烯 (PS)、有机玻璃 (PMMA) 等几种。

粒子间相互作用的具体表现可以分为库仑屏蔽势、表面高分子间的熵力、范德瓦耳斯力、亲水力、憎水力等, 如果颗粒处于水–气界面上, 还可以表现出电偶极子相互作用、液体表面的毛细力 [1]。以上这些都是所谓的热力学相互作用, 对于胶体体系动力学行为有直接影响 [2-9]。当然由于颗粒处于流体环境中, 颗粒之间还存在流体力学相互作用 [10-12]。在本章我们主要介绍颗粒间热力学相互作用的影响。

2.1　范德瓦耳斯力和表面能

任何两种物体相互靠近都会表现出范德瓦耳斯力。它的起源在于某一中性分子内由涨落引起的电偶极子, 此涨落电偶极子会产生电场, 并使其附近的其他中性分子产生极化, 从而感应出电偶极子。这种相互感应包含了直流电场或全部交变电

场的成分，最终两物体内电偶极子在热涨落的平均作用下表现出的宏观相互作用
被称为范德瓦耳斯力 [1]。

一般来说，随距离增大，范德瓦耳斯力衰减很快。涨落统计平均下最终物体之
间的相互作用一般表现为原始相互作用的平方形式。比如两静止电偶极子在远处
的相互作用通常退化为随距离的三次方反比衰减，但在涨落统计平均下一般表现
为随距离的 6 次方成反比衰减。这是最常见的范德瓦耳斯力的估计形式。这样高幂
指数的关系，在宏观上即表现为范德瓦耳斯力随距离快速衰减。就是说，只有两物
体靠得很近，其范德瓦耳斯力才非常显著。当范德瓦耳斯势的大小衰减到 k_BT 附
近时基本就可以忽略了。这个典型距离大约在几十到几百纳米。

从涨落电偶极子相互感应的图像可知，范德瓦耳斯力的大小还应和两物体的
介电常数有关，两物体的介电常数决定了感应分子受到的电场大小。当然也与两物
体中间介质的介电常数有关 (是真空还是某种特定液体)。这些物质特性决定了感
应分子的极化程度，最终决定了范德瓦耳斯力的大小。考虑到以上三种介电常数的
影响，包括其对感应的高频特性引起的延迟势的作用，最终的范德瓦耳斯相互作用
可能表现为吸引势或排斥势。当两个物体处于某种介质中时，其范德瓦耳斯相互作
用能为

$$W = -k_{12}\frac{C}{r^6} \tag{2.1}$$

其中，

$$k_{12} = \frac{(\varepsilon_1 - \varepsilon_m)(\varepsilon_2 - \varepsilon_m)}{\varepsilon_m^2} \tag{2.2}$$

式中，ε_1、ε_2、ε_m 分别代表物体 1、物体 2 及介质的介电常数。根据三个介电常数
的具体大小，范德瓦耳斯相互作用可能表现为吸引势或排斥势。

若两物体为同种介质，则无论中间为何种介质，两物体间的范德瓦耳斯力总表
现为吸引力。范德瓦耳斯力的大小与两物体包含的分子数目有关，即有多少分子可
以参与相互感应极化。考虑到随距离增大，范德瓦耳斯力衰减很快，每个有效参与
分子对范德瓦耳斯力贡献的权重大小与物体的几何形状有关，因此范德瓦耳斯力
的具体表现形式与物体的形状有关。可以想象两个平板之间的范德瓦耳斯力和两
个球形物体之间的范德瓦耳斯力相比，前者随距离的衰减要慢得多。

J. N. Israelachvili 在 *Intermolecular and Surface Forces* 中非常详尽地讲述了分
子表面间的各类作用力 [1]。其中对处于真空中的不同几何形状的两物体间的范德
瓦耳斯作用势的形式作了详细介绍。对于两个距离为 D 的无限大平面物体，其单
位面积内的范德瓦耳斯作用能为

$$W = -\frac{A}{12\pi D^2} \tag{2.3}$$

其中，A 为哈马克常数，

$$A = C\pi^2 \rho_1 \rho_2 \tag{2.4}$$

哈马克常数中 ρ_1、ρ_2 代表两个平面物体中分子的数密度。对一般液体 (如水)，哈马克常数的典型数量级是 10^{-19}J。

如果把一个物体从中间劈开成两部分，并将这两部分物体稍微分开，它们之间则存在吸引势。这两个物体之间好像存在一个弹簧，只是这个弹簧的弹性系数随着距离变化，不是常数。从能量守恒的角度分析，分开两块物体需要做功，做功的能量存在于系统当中。对于弹簧体系，我们说做功的能量存储于弹簧的形变当中。但是对于这个一分为二的物体系统，中间并没有一个真正的物理弹簧，这个能量存到哪里去了呢？我们对比物体前后的变化，可知物体一分为二后，整个体系与之前相比产生了两个新的表面，范德瓦耳斯势就存在于这两个表面之间。因此我们可以定义表面能概念。表面能是存在于新产生的两个表面上的能量。当两个表面彼此离得足够远时，每个表面的表面能可以认为彼此独立，并且大小相等。

所谓亲水物质，就是其表面和水接触时表面能较小；而憎水物质，是指其表面和水接触时表面能较大。由此我们可知所谓亲水力和憎水力是范德瓦耳斯力的另一种宏观表现形式。憎水物质的颗粒放在水中时，由于其表面和水之间的表面能能量较大，颗粒会尽量减少和水的接触面积，结果是憎水颗粒会聚集在一起，增大彼此之间的接触面积。因此憎水颗粒通常不能在水中分散开来。一旦它们聚集起来，范德瓦耳斯吸引力将随颗粒间距的减小而快速增大。最终引力势能会远远超过 $k_B T$ 的大小，表现为憎水颗粒在水中聚集起来就不会再分解。典型的憎水颗粒是有机玻璃。因此一般的有机玻璃都是分散在油中而非水中。而亲水颗粒的材质比如说玻璃就很容易分散在水中。对于水，其表面张力对应于水的表面能密度，两个水面间的作用势为负。

如公式 (2.3) 所示，负号代表相互吸引。从此公式也可推出，两个物体的介电常数越接近，范德瓦耳斯作用势越小。这代表两个物体的表面能密度越小。所以对于范德瓦耳斯作用力，同类的物体会相互接触，而不同类物体之间的表面能增大，相互排斥。

2.2 胶体稳定性与表面熵力、屏蔽库仑势

从之前的公式知，即使是玻璃小球，当它们靠近时，彼此之间的范德瓦耳斯相互作用力也是吸引力。而且只要彼此靠得足够近，这个作用势的大小总要超过 $k_B T$。胶体颗粒能够在水中保持单分散而不聚集的这个性质被称为胶体的稳定性。保持胶体稳定性方法的原理是很直观的：尽量不要让颗粒靠得太近。其中一个方法

是在颗粒的表面生长一层高分子短链，如图 2.2 所示。

图 2.2 表面有高分子的胶体颗粒球

这样当颗粒靠近时，表面上这些短链先彼此接触，当颗粒继续靠近时，这些短链会彼此交叉或有序排列，从而形成有序结构。因此体系的熵会随着颗粒的靠近而减小，体系的自由能 $F = U - TS$ 中的 $-TS$ 这一项会增加。这等价于有一个等效力阻止颗粒彼此靠近。这一项是由熵的减小引起的，因此被称为熵力。当短链分子靠近时，彼此也会有范德瓦耳斯吸引力，但是由于体系里参与此吸引的有效分子数很少，因此短链之间的范德瓦耳斯力一般小到可以忽略。这类颗粒的熵力相互作用只在近程或相互接触时才表现出来，因此这类颗粒有一个很好的性质：颗粒间的相互作用力可近似为硬球模型。

另一种更常见的保持胶体稳定性的方法是令颗粒表面带电。通过同种电荷之间的排斥势让颗粒保持距离。以玻璃颗粒为例。当玻璃球浸入水中时，玻璃球表面由于水的电离作用而产生 SiOH—，使得玻璃颗粒表面带有少量的负电荷。在这些电荷库仑排斥势的相互作用下，胶体颗粒不能靠得很近，这也使得在这个距离下的范德瓦耳斯力的势阱深度远远小于 k_BT，以避免颗粒的聚集。对于聚苯乙烯和有机玻璃这一类高分子颗粒，采用的是类似的办法：在颗粒表面生长一些可以水解的化学基团。最常见的两类化学基团是 SO_3—和 COOH—。在颗粒制备过程中可以通过调节颗粒表面生长的基团数量来改变颗粒表面的带电量，以调节颗粒之间的电学相互作用强度。在颗粒表面化学基团数目已经固定的情况下，也可以通过调节水溶液的 pH 值来改变颗粒表面化学基团的电离程度，以此来改变颗粒的有效带电量。每种商业购买的胶体颗粒说明书上都会提供化学基团的数目和对应的 pKa 值。

当聚苯乙烯、有机玻璃这一类憎水颗粒的表面添加足够多带电的化学基团之后，这些带电基团也改变了颗粒表面的憎水特性，使得颗粒亲水。对于带电颗粒，其电荷静电势能的大小与介质的介电常数成反比。空气的相对介电常数是 1，一般油的相对介电常数是 2~3，而水的相对介电常数是 80。这意味着带电粒子在水中的静电能要远远小于在空气或油中。下面我们分析水中带电粒子的相互作用图像。不同于真空当中，由于水中存在 H^+、OH^-，在颗粒表面会吸附一层异性离子，如图 2.3 所示。

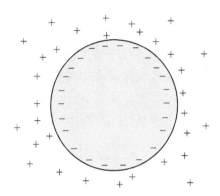

图 2.3 表面带负电胶体颗粒附近的正离子屏蔽层

这个图像被称为电双层图像。远处空间某一位置感受到的电场是所有表面电荷与周围分布的异性离子共同作用的结果。颗粒周围分布的异性粒子会大大削弱该处电场的强度。这被称为 DLVO 理论(Derjaguin-Landau and Verwey-Overbeek theory)，是德亚盖因 (Derjaguin) 和朗道 (Landau) 于 1941 年，以及费尔韦 (Verwey) 与奥弗比克 (Overbeek) 于 1948 年各自提出的。在异性离子的屏蔽作用下，静电荷 q 在水中某处引起的电场强度为 [13]

$$U(r) = \frac{(Ze)^2 \exp[-(r-2a)/\lambda_D]}{4\pi\varepsilon_0\varepsilon(1+a/\lambda_D)^2 r} = \frac{A}{\varepsilon r}\exp(-r/\lambda_D) \tag{2.5}$$

其中 λ_D 被称为德拜屏蔽长度，即颗粒能够彼此感应到的库仑力相互作用的特征长度。其中 $1/r$ 项来自于库仑相互作用力，$\exp(-r/\lambda_D)$ 项来自于异性电荷的屏蔽作用，可知 λ_D 的大小可用来衡量屏蔽作用的强弱，它和水中异性离子的密度和价位有关。离子的密度越高，价位越高，屏蔽的效果越好，λ_D 的数值越小。颗粒间相互排斥的作用力越小，彼此就可以靠得越近。例如，在水溶液中加入盐就可以达到这样的效果。对于 1 价离子，一个有效的经验公式为 [1]

$$\lambda_D = 0.76\sqrt{N}\,\text{nm} \tag{2.6}$$

其中 N 是离子浓度。对于二价离子，经验公式为

$$\lambda_D = 0.52\sqrt{N}\,\text{nm} \tag{2.7}$$

对于水而言，离子浓度最低的时候 pH 值为 7。代入公式 (2.6) 可知，λ_D 为 1μm 左右，这是颗粒在水中最长的德拜长度。任何杂质的掺入都会减小颗粒在水中的德拜屏蔽长度。因此可以通过调整水中离子的浓度来有限地调节颗粒之间库仑屏蔽势相互作用的强弱。

可以想象如果在水中加入的盐离子的浓度足够高，λ_D 会越来越小，以至于颗粒之间可以靠得很近，范德瓦耳斯作用力开始表现出来，使得颗粒开始相互吸附。这就是所谓的离子浓度可以破坏胶体的稳定性，使颗粒聚集。而颗粒一旦开始聚集，这个过程通常是不可逆的，因为颗粒落入范德瓦耳斯势阱后，势阱的深度通常要远大于 k_BT。这时如果再减小水中离子浓度以增大德拜屏蔽长度，颗粒也不会重新分离开来。因为热运动的能量 k_BT 不足以使得颗粒重新跳出势阱。

2.3　水–气界面上的颗粒相互作用：电偶极子相互作用和毛细力

当带电胶体颗粒处于水–气界面上时，通常颗粒球的一部分浸没在水中，一部分暴露于空气中，如图 2.4 所示。一般来说胶体颗粒能够漂浮在水–气界面上，是因为体系的表面作用能的数量级远大于颗粒重力势能。所以即使是对于 silica 胶体颗粒，其质量密度也通常超过水的两倍，还是可以很稳定地浮于颗粒表面的。

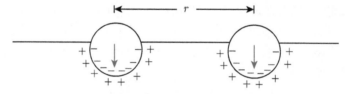

图 2.4　半浸没于水面的胶体颗粒屏蔽电荷分布

我们考虑一个具体的例子：一个半径为 a 的小球位于水–气界面上，球与水的表面能密度是 γ_1，球与空气的表面能密度是 γ_2，水与空气的表面能密度是 γ_3。如果颗粒浸没在水中的高度是 h，则体系总的表面能为

$$W = \gamma_1 A_1 + \gamma_2 A_2 - \gamma_3 A_3 \tag{2.8}$$

其中 A_1、A_2、A_3 分别代表球与水、球与空气及被球替代的水与空气的表面积。A_1、A_2、A_3 均是 h 的函数。我们可以计算出表面能最低时对应的高度 h。

在式 (2.8) 中，求表面能 W 对高度的一阶导数 dW/dh，令 $dW/dh = 0$ 可求出系统表面能稳定时 h 的具体数值 h_0。

在任何情况下，热涨落都会引起颗粒浸没高度的改变，相应地，高度 h 带来重力势能的改变 $dU = mg \cdot dh$，其中 dh 是浸没高度的改变量。在浸没高度 h_0 附近，dh 引起重力势能的改变量远远低于对应系统的表面能增加量 dE。除了将 dh 代入表面能 W 计算具体数值结果，还可以定性地理解：重力势能的改变量与 dh 的一次方成正比，而表面能的增加量和 dh 的平方成正比。系统表面能的增加量要远大于势能的减小量。因此表面能的改变量是系统总能量改变的主要因素。

但是当颗粒的半径 a 太大时, 颗粒重力势能的贡献就开始变得重要。因为重力势能的改变与 a 的 3 次方成正比, 而表面能的改变与 a 的 2 次方成正比。随颗粒尺寸增加, 重力的影响会越来越明显, 因此一个半径为 1cm 的玻璃小球是不会停留在水表面的。

有趣的是, 当颗粒的尺寸越来越小时, 颗粒更不容易停留在水的表面, 这也是因为表面能按照 a 的平方减小。表面能势阱的深度随颗粒尺寸减小, 当势阱深度的数量级与 $k_\mathrm{B}T$ 接近时, 热涨落会使得颗粒进入到水中的概率增大。

另外需要说明的是, 一旦颗粒进入水中, 体系表面能就不再随颗粒的位置改变, 因此重力势能是唯一的考虑因素。此时颗粒会在重力的作用下一直下沉, 不会回到水的表面。

当带电颗粒处于水–气界面上时, 颗粒间的静电作用力表现为电偶极子相互作用, 而非如公式 (2.5) 中的库仑排斥势, 这个图像如图 2.4 所示。

因为颗粒表面的化学基团在空气中不会电离, 只有浸没在水中的表面上才会有电荷, 所以只有颗粒的这一部分表面带电, 吸引水中的异性电荷形成电双层结构。电双层之间的特征距离是德拜长度。因为可以视作一个电偶极子层, 考虑到小球的空间对称性, 电偶极子水平方向的分量都抵消掉, 而竖直方向的分量都叠加起来。从远处看, 界面上的每一个胶体颗粒等效于一个竖直指向的电偶极子。因此界面上的颗粒间相互作用在远处相当于电偶极子相互作用: 作用势随距离的 3 次方衰减。如果颗粒靠得比较近, 屏蔽电荷层交叠后的电偶极子相互作用模型开始不再适用。

但是对于非均匀电荷分布, 情况会有所不同。当颗粒表面电荷非均匀分布时, 颗粒左右两侧的电荷数量不对称, 电偶极子层在水平方向的左右分量不能完全抵消。这种情况下电偶极子的净水平分量不为零, 使得颗粒的总电偶极子方向有倾斜, 如图 2.5 所示。

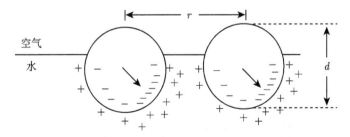

图 2.5　表面电荷不均匀的界面胶体颗粒周围屏蔽电荷分布示意图

当两个这样的颗粒靠近时, 两颗粒竖直方向上的电偶极子分量依然保持相互排斥。但是水平方向分量的电偶极子, 由于相互作用能最低的要求, 倾向于形成首尾相接。这样的排列使得水平方向的电偶极子相互作用为吸引。因此两个表面电荷非均匀分布的颗粒之间的相互作用是有效电偶极子的垂直分量与水平分量共同作用的结果。最后整体的相互作用是吸引还是排斥要看两者竞争的结果。这个相互作用的强弱和正负要受到表面电荷非均匀程度的影响，如公式 (2.9)。

$$U(r) = A\frac{\exp(-r/\lambda_{\mathrm{D}})}{4\pi\varepsilon_0\bar{\varepsilon}r} + \frac{P_\perp^2}{4\pi\varepsilon_0\bar{\varepsilon}r^3} - \left\langle \frac{P_\parallel^2 3\cos\phi_1\cos\phi_2 - \cos(\phi_2 - \phi_2)}{4\pi\varepsilon_0\bar{\varepsilon}r^3} \right\rangle \tag{2.9}$$

在公式 (2.9) 中，最后一项是电偶极子水平方向分量间相互作用的结果。水平方向分量的相互作用计算要比垂直方向分量的计算复杂。这是因为考虑到水分子热运动的碰撞，对于有限体积大小的颗粒，水分子热运动除了带来颗粒质心的平动布朗运动，也会带来颗粒的无规则随机转动。由于颗粒表面能和浸润角的存在，绕平行液面轴向的随机转动被抑制。颗粒的热运动随机转动以绕垂直液面轴向的转动为主。这样的转动结果是电偶极子垂直分量的相互作用不受随机转动影响，但是水平方向电偶极子的相互作用就不能再使用两个给定固定距离的电偶极子进行简单估算。事实上要考虑两个旋转偶极子相互作用在热运动中的统计结果。这个计算图像有些类似分子间范德瓦耳斯力的图像：涨落偶极矩之间相互作用的统计结果。

2.4　水–气界面上电偶极子水平分量的相互作用势

电偶极子水平分量的相互作用势为

$$\begin{aligned}
V(r, \phi_1, \phi_2) = {} & \frac{a^4}{4\pi\varepsilon_0\bar{\varepsilon}} \int_{\pi/2}^{\pi} \sin\theta_1 \mathrm{d}\theta_1 \sin\theta_2 \mathrm{d}\theta_2 \\
& \times \int_0^{2\pi} \mathrm{d}\phi_1 \mathrm{d}\phi_2 \zeta(\theta_1, \phi_2) \zeta(\theta_1, \phi_2) \\
& \times \left[\frac{1}{|r_1 - r_2 + r|} + \frac{1}{|r_1' - r_2' + r|} - \frac{1}{|r_1 - r_2' + r|} - \frac{1}{|r_1' - r_2 + r|} \right]
\end{aligned} \tag{2.10}$$

积分最后近似有

$$V(r, \phi_1, \phi_2) \sim f(\phi_1, \phi_2)/r^3 \tag{2.11}$$

其中

$$f(\phi_1, \phi_2) = 3\cos\phi_1\cos\phi_2 - \cos(\phi_1 - \phi_2) \tag{2.12}$$

ϕ_1、ϕ_2 表示两个颗粒的电偶极子水平分量取向角。最终两个颗粒随机取向的电偶极子水平分量的有效相互作用势 $U(r)$ 满足

$$\mathrm{e}^{-U_{\mathrm{D}}(r)/(k_{\mathrm{B}}T)} = \left\langle \mathrm{e}^{-V(r,\phi_1,\phi_2)/(k_{\mathrm{B}}T)} \right\rangle \tag{2.13}$$

符号 $\langle\ \rangle$ 表示热运动统计平均的结果。

对上式做幂律展开。此处需要假设 $U(r)$ 总是小于 $k_\mathrm{B}T$。在一般胶体颗粒带电的情况下，颗粒相距较远时这个假设通常可以认为成立。

因为一阶项的平均值始终为零，保留到二阶项有

$$U_\mathrm{D}(r)/k_\mathrm{B}T \approx \left\langle [V(r,\phi_1,\phi_2)/(k_\mathrm{B}T)]^2 \right\rangle \sim \left\langle f^2(\phi_1,\phi_2) \right\rangle / r^6 \tag{2.14}$$

最终结果为

$$\frac{U_\mathrm{D}(r)}{k_\mathrm{B}T} \approx -\frac{4\left\langle P_\parallel^2 \right\rangle^2}{(4\pi\varepsilon\varepsilon_0 k_\mathrm{B}Td^3)^2}\left(\frac{d}{r}\right)^6 \tag{2.15}$$

其中，$\left\langle P_\parallel^2 \right\rangle$ 为旋转涨落偶极矩的平方平均值，这个量的大小由颗粒表面电荷的均匀程度决定。从整体上看，水平电偶极子相互作用势的统计平均结果为吸引势。这是因为颗粒电偶极矩首尾相接时对应的能量低。而在同样的热涨落程度下，这个状态的概率要比电偶极子同极相邻高能量态的概率要高，统计平均的结果是最终吸引势的贡献大过了排斥势的贡献。并且在统计平均下这个相互作用与距离成 6 次方反比。同经典的电偶极子相互作用的 3 次方衰减相比，这是一个随距离迅速衰减的作用势。因此可以想象这个水平分量所带来的吸引势应该在颗粒间距比较小的时候才表现出来。在颗粒间距较大的情况下，6 次方吸引势的贡献都被 3 次方的排斥势所淹没。

事实上这种吸引势可以使得颗粒形成团簇的结构，如图 2.6。考虑到水平电偶极子首尾相接的趋势，颗粒的团簇应该是链状的形式而非以密堆积的形式呈现。

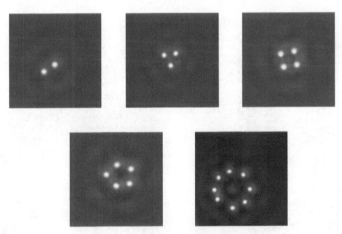

图 2.6　界面胶体颗粒的团簇结构

以上只是理论上的想法。为了验证一般颗粒表面的带电性质，人们可以用原子力显微镜 (AFM) 观察颗粒表面的特性。一般来说，AFM 有两种探测模式：拍击

(tapping) 和相位 (phasing)。前者对形貌高低比较敏感，后者对化学组分比较敏感。图 2.7 是在显微镜下带有 SO_3 化学基团的 PS 颗粒表面的 AFM 形貌图。

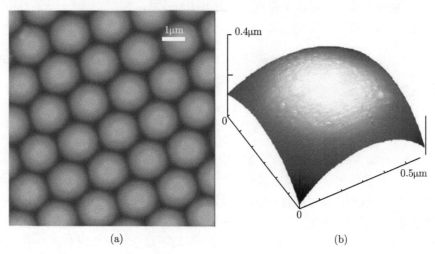

(a)   (b)

图 2.7   表面有 SO_3 化学基团的 PS 颗粒表面的 AFM 形貌图 (出自参考文献 [14])

图 2.8 是玻璃颗粒浸没在 NaCl 溶液中时 AFM 的相位图。玻璃颗粒之所以要浸没在 NaCl 溶液中，是因为玻璃表面自身在纯水中的电离很弱，表面的电荷很少。人们发现当液体中的离子浓度较高时，玻璃表面的电离也会随之增强。因此要在水中添加合适的 NaCl 来提高溶液中的离子浓度，使玻璃表面的电荷增多到可以观测的程度。

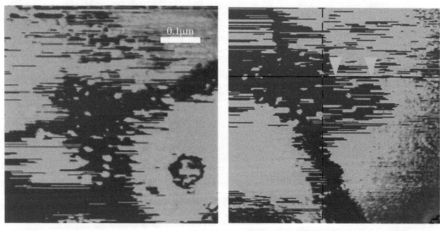

图 2.8   玻璃颗粒浸没在 NaCl 溶液中时 AFM 的相位图 (出自参考文献 [14])

2.5 热力学相互作用的实验测量方法: 径向分布函数 $g(r)$ 及其应用

对于一个多粒子体系,体系的结构通常由粒子间的相互作用势决定。对任一个多粒子体系,物理学家通常要解决的一个普遍问题就是体系结构和粒子间相互作用势之间的具体关系。

对于流体界面上的胶体体系,体系的结构特征在实验上比较容易得到,而颗粒之间的相互作用势不容易直接测量得到。因此我们也是先通过观察测量计算出界面胶体体系的结构特征函数,再通过体系的结构特征函数来推出粒子间相互作用势 $U(r)$。

实验上界面胶体颗粒间的结构特征函数是径向分布函数 $g(r)$,有时候也被称为对分布函数 (pair correlation function)。对于界面上的胶体颗粒体系,由于颗粒一直处于液体的热涨落环境之下,粒子之间的相互作用势 $U(r)$ 和径向对分布函数 $g(r)$ 满足玻尔兹曼分布关系,

$$g(r) = \exp(-U(r)/(k_B T)) \tag{2.16}$$

根据以上关系,实验上测量得到 $g(r)$ 后,可通过对上式两端取对数,即 $-\ln g(r) = U(r)/(k_B T)$。从而得到以 $k_B T$ 为单位的颗粒间的热力学相互作用势 $U(r)$。

径向分布函数 $g(r)$ 的一般表述是: 以任意一个胶体颗粒为中心,在距离 r 处找到另外一个胶体颗粒的概率 $g(r)$(但准确来说,应该是 r 处的概率密度。说空间某个点的概率并没有意义)。从此描述可见,此时只认为概率密度 $g(r)$ 是两个颗粒之间的径向距离 r 的函数,与两个颗粒的取向角度 θ 无关,因此 $g(r)$ 被称为对分布函数。

对分布函数可以看作是多粒子体系空间结构的一个描述。系统的有序程度可以看作是两个因素竞争的结果: 粒子间热力学相互作用 $U(r)$ 和受到周围液体分子的热涨落 $k_B T$ 碰撞。前者倾向于让体系形成固定结构,而后者让体系更无序。两者的比值出现在公式右侧的 e 指数因子中。

根据公式 (2.16),我们可以先来想象一下 $g(r)$ 的一些基本特性。

(1) 如果在全空间都有 $U(r) = 0$,表明颗粒间完全没有相互作用。颗粒可以在全空间自由运动,其在空间任意位置的概率密度应该处处相同,是一个常数 $g = g_0$。公式 (2.16) 中把这个常数归一化记为 $g_0 = 1$。注意此处的归一化处理不同于通常教科书中的概率密度归一化。在通常教科书中,概率密度归一化是指把概率密度做全空间积分,把积分结果记为 1,即概率密度曲线下方覆盖的总面积为 1。如果是

按照通常教科书归一化处理,因为粒子可以运动到无穷远,所以 g_0 应该记为 0。所以公式 (2.16) 的归一化方法相当于把概率密度曲线整体向上从 0 平移到 1。所以在一般情况下 $U(r) \neq 0$, $g(r)$ 的取值范围是 $0 \sim \infty$.

(2) 如果在全空间都有 $U(r) \neq 0$,这代表颗粒间存在相互作用。此时 $g(r)$ 曲线形状由 $U(r)$ 的空间变化性质决定。对于任何独立的两个粒子,在足够远的地方两个粒子之间相互作用的强度一定随距离而衰减,并且物理规律保证在无穷远处两体相互作用一定趋近于零 (否则就存在所谓的超距相互作用)。因此无论 $U(r)$ 的具体形式如何,在无穷远处一定有 $U(r = \infty) \to 0$。根据公式 (2.16),此时的 $g(r = \infty) \to 1$。这时得到 $g(r)$ 的第一个重要特征: 在无穷远处 $g(r) = 1$。如果算出的 $g(r)$ 在足够远的地方没有趋近于 1(新手经常发生这种情况),那么可以肯定 $g(r)$ 一定是算错了 (需要说明,物理上的无穷远是指足够远,并不对应数学上的无限大。在实际物理世界中,所谓的无穷远可能只有几厘米或几毫米,这个具体数值根据不同情况可以千差万别)。

(3) 如果 $U(r) \neq 0$,则 $g(r) \neq 1$。其中若某 r 处有 $g(r) > 1$,代表此处颗粒密度大于平均密度。这是因为按照上面的讨论,当多个粒子存在且在全空间有 $U(r) = 0$ 时,处处有 $g(r) = 1$,这代表着颗粒在全空间均匀分布。这就是说 $g(r) = 1$ 的地方对应于该处颗粒密度等于平均密度的地方。同样,若某 r 处有 $g(r) < 1$,代表此处颗粒密度小于平均密度。从公式 (2.16) 看,$g(r) > 1$ 对应于 $U(r) < 0$。如果 $U(r)$ 在全空间随距离 r 是单调变化的,那么 $U(r)$ 在全空间都是吸引势,并且以无穷远处为势能零点 (同样我们也可以说 $g(r) < 1$ 时 $U(r) > 0$,这代表 $U(r)$ 是排斥势。这种表述非常常见,但是并不严谨。这个表述成立的前提条件是 $U(r)$ 在全空间随距离 r 是单调变化的。在通常的力学教科书中都写得很清楚,决定作用势是排斥还是吸引的不是 $U(r)$ 的正负而是 $dU(r)/dr$ 的正负)。

(4) 如果 $g(r)$ 曲线上,在某个 $r = r_0$ 的地方有一个峰存在,说明 $r = r_0$ 处的颗粒密度始终大于周围空间的颗粒密度。这代表在 $r = r_0$ 处存在着吸引势阱。这个吸引势把周围的颗粒吸引到此处,但同时此处的颗粒密度不会一直增大,这是因为有热涨落存在。掉入势阱的粒子有机会在热涨落的作用下又跳出势阱,最后吸引势阱中的粒子数达到动态平衡,对应于某一个特定值。这个特定值是势阱深度和热涨落两者竞争的结果,数值大小由比值 $U(r)/(k_{\mathrm{B}}T)$ 决定。势阱越深,颗粒越不易跳出势阱,势阱内的颗粒密度就越大,对应的 g 值就越高。同样如果 $g(r)$ 曲线上,在某个 $r = r_0$ 的地方有一个谷存在,说明 $r = r_0$ 处的颗粒密度始终小于周围空间的颗粒密度,代表在 $r = r_0$ 处存在着势垒。

(5) 公式 (2.16) 中 g 只是径向距离 r 的函数,与两个颗粒间的相对角度无关。这使得公式 (2.16) 非常适用于各向同性的相互作用势的测量。实验上可以对各种取向的颗粒对进行平均统计,从而增加有效的统计数量以提高数据的精度。但是如果相互作用势是各向异性的, 在能够准确定义各个颗粒对之间的取向角 θ 时, 公式 (2.16) 也同样可以使用。只要在做统计分析时, 先选择某一个特定的取向角 θ, 统计在这个角度上的所有颗粒对的 $g(\theta, r)$, 根据公式 (2.16) 计算在此 θ 下的作用势。然后依次变换角度 θ, 分别计算所有方向上的 $g(r)$, 即可得到在空间中各向异性的 $U(r, \theta)$。这时的作用势 $U(r, \theta)$ 可以用等高线之类的方式画出。

2.6 $g(r)$ 的稀疏条件和实现方式

对于界面上的胶体体系, 公式 (2.16) 中的 $U(r)$ 描述的是两体相互作用所对应的 $g(r)$。如果空间存在多个颗粒, 这时每个颗粒都会受到多体作用的影响。这时测量得到的 $g(r)$ 将随着颗粒密度而变化。因此需要对改变后的 $g(r)$ 做修正才能再次使用公式 (2.16)。

因此直接使用公式 (2.16) 的条件是: $g(r)$ 必须是在稀疏极限下测量得到的。但是所谓的胶体体系就是多个粒子共存的体系。实验测量时通常很难做到只有两体相互作用 (除了少数比如双光镊系统的确只测量两个颗粒的相对位置)。而在多粒子体系中, 粒子的密度究竟小于多少才算满足此稀疏条件呢? 答案是并没有一个普适的密度值。合适的密度值和粒子间的相互作用强度有关, 相互作用越强, 符合稀疏条件的密度就越小。实验中我们可以用唯象的办法来决定这个密度值: 可以持续地降低胶体颗粒的密度值, 分别测量每个密度下的 $g(r)$。 如果在某一个密度 $n = N_0$ 下测得 $g(r)$, 而把密度降低到原来的 $\frac{1}{2}$, 即 $n = \frac{1}{2} \cdot N_0$, 测得 $g(r)$ 在实验误差内没有变化, 就可以认为 N_0 达到了稀疏极限的范围, 即此时的 $g(r)$ 不再对颗粒密度敏感。

2.7 $g(r)$ 的计算方法

从 $g(r)$ 的定义出发我们可以给出它的计算方法。$g(r)$ 的定义是: 以任意一个胶体颗粒为中心, 在距离 r 处找到另外一个胶体颗粒的概率密度。空间某处颗粒出现的概率等价于该处空间粒子数密度的统计平均值。以液面上胶体体系为例, 给定一张多粒子的空间分布图片, 如图 2.9 所示。

选定图片中任意颗粒 i, 计算以颗粒 i 为中心, 内外径分别为 r 和 $r + \mathrm{d}r$ 的圆环内包含的颗粒数 $N(r)$。将圆环内的粒子数除以圆环的面积 $A(r)$, $A(r) = 2\pi r \mathrm{d}r$, 从而得到此位置上颗粒的密度 $n(r) = N(r)/A(r)$。然后将这个密度值 $n(r)$ 除以照片中颗粒的平均密度 n_0, 即可得到在此位置上的 $g(r) = n(r)/n_0$。以上最后一步用 $n(r)$ 除以 n_0, 相当于把无穷远处的 $g(r)$ 归一化为 1。可以想象如果圆环的半径足

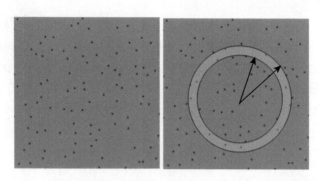

图 2.9　从胶体颗粒的显微照片计算对分布函数的方法示意图

够大，则圆环的面积 $A(r)$ 就会足够大以至于圆环内包含了足够多的颗粒，这使得圆环内的颗粒密度 $n(r)$ 越来越趋近于体系内的平均密度 n_0。因此在无穷远处总可以保证 $g(r) = 1$。但是当 r 不够大，圆环包含的颗粒数不够多时得到的 $n(r)$ 会有大的随机涨落。因此我们要遍历照片中所有的颗粒并以之为圆心，按照 r 为半径的圆环计算相应的 $g(r)$ 值，再对这些 $g(r)$ 做统计平均。通常情况下一张照片的统计量是不够的，还需要对很多张同样条件下拍摄的照片做同样的计算处理，计算所有照片中以所有颗粒为圆心得到的 $g(r)$ 值，直到得到一个稳定的统计平均值。按照这种方法，连续改变 r 的大小，最后得到整条 $g(r)$ 曲线。从这种计算方法可以看出，能够计算得到的 $g(r)$ 曲线最远的位置 r 就是照片尺寸一般的大小。这也是为什么在选取成像物镜时，不能选用太大的物镜放大倍数。除了之前提到的理由：太小的视野包含的颗粒数太少不利于统计计算。更小的照片空间尺寸对应于更小的最远颗粒间距。如果计算得到的 $g(r)$ 的数值最远的 r 处 (照片尺寸的一般距离) 还没有水平趋近于 1，那么得到的 $g(r)$ 也并不完整。

　　以上这个方法很简单直观，但是照着这种方法实际编程计算，有时算出来的 $g(r)$ 在足够远处会一直下降趋近于零。这是因为没有对圆环照片圆环边界截断的情况做处理。选定一个颗粒后，圆环半径 r 逐渐增大，圆环最后一定会扩展超过图片的边界，圆环的面积会被边界截断。此时 $g(r) = n(r)/A(r)$ 的公式依然成立，但这里 $A(r)$ 对应的应当是包含在图片内部分圆环的实际面积，因为这时根据距离 r 判别出的颗粒数 $n(r)$ 对应的是部分圆环 (被照片边界截断) 内粒子数。如果不做这个修正，随着 r 的增大，照片内部分圆环的面积会一直减小，包含的粒子数也会减少，而圆环的面积线性增大，计算出来的 $n(r)$ 偏低。$g(r)$ 计算的通用公式可以写为

$$g(r) = \frac{2N(r)}{\sum_i \rho[2\pi r \mathrm{d}r - \delta A_i^{> \mathrm{edge}}(r)]}$$

$$= \frac{2N(r)}{A\rho^2 2\pi r dr - \rho \sum_i \delta A_i^{>\text{edge}}(r)} \tag{2.17}$$

其中，$N(r)$ 是照片内颗粒间距为 r 的颗粒对数目，分母对 i 求和是遍历照片内的全部颗粒。δA_i 代表超出照片边界的圆环面积。公式中上标 ">edge" 表示此项为圆环尺寸超过图片边缘时对应的面积。

注意，到此为止圆环的间隔 dr 是随意选取的一个小量。dr 取值是否合适的判据是：如果使 dr 的数值增大一倍或减小 $1/2$，最终用这几个 dr 数值计算出来的 $g(r)$ 曲线都重合，则表明计算的 $g(r)$ 与 dr 的取值无关，这时 dr 的取值落在一个合适的范围内。

2.8 实际胶体体系 $g(r)$ 的测量结果

一般来说 $g(r)$ 是粒子浓度的函数，也是粒子间相互作用的函数。以在水–气界面上的胶体颗粒体系实际测得的 $g(r)$ 曲线为例，典型的液面上胶体颗粒的显微图像可能如图 2.10 所示。对没有经验的研究者，这些颗粒看起来只是随机均匀分布在空间，似乎没有什么特殊的意义，但事实上这张图上的颗粒分布已经包含了体系的很多特征信息。读者可以尝试对比同样温度下测得的液面上胶体颗粒的另一类典型显微图像 (图 2.11)。两者的区别显而易见。请问两张图相比，哪一个颗粒胶体体系更随机无序？这两张照片里的一张是表面带有大量 COOH— 化学基团的 PS 颗粒的照片，另一张是表面没有任何特殊处理的玻璃颗粒的照片。请尝试判断哪张图片对应于哪种颗粒。这些信息都可以直接从这两张照片上半定量地读出。与图 2.11 相比，图 2.10 中的颗粒体系有序度更高。图 2.10 中的最近邻颗粒之间看起来有一个特定的平均间距 (数量级大约是颗粒尺度的 10 倍)。而图 2.11 中的颗粒没有这样一个明显的特征长度。是否存在广义的特征长度 (包括角度) 是体系空间结构是否有序的一个标志。事实上我们周围的空气分子在空间中的分布情况更接近于图 2.11 而非图 2.10。图 2.11 的颗粒样品是有序度更低的系统。我们已经知道对于多粒子体系，粒子间的相互作用倾向于让体系形成稳定结构，而粒子的热涨落倾向于让体系变得无序。图 2.10 中颗粒在 k_BT 扰动下，颗粒间的最近距离总是倾向于保持在一个平均间距而没有彼此靠近。这说明颗粒间存在很强的排斥势。我们不能通过图 2.11 判断其中颗粒间的作用势是吸引势还是排斥势。但从图 2.11 中颗粒彼此靠近 (并且靠得很近的颗粒数并没有占明显多数) 可以判断：无论存在的是吸引势还是排斥势，这个作用势与图 2.10 的作用势相比都非常微弱 (考虑到两张照片对应的温度相同)。并且图 2.10 中颗粒相互作用势的典型值可以根据其最近邻颗粒的平均间距 r_0 来判断：从结构有序程度上看，近邻颗粒的距离上 $U(r = r_0)$ 的数

量级可以按照 $k_B T$ 估算。如果已经知道这个排斥势是来自于部分颗粒浸没于水中产生的库仑屏蔽引起的电偶极子作用势，则很容易根据颗粒尺寸、水的介电常数和纯水中的德拜长度等数值，估算出 PS 颗粒表面的 COOH— 电荷数目的数量级。

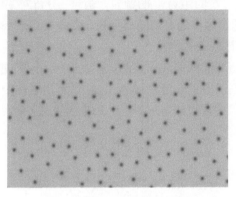

图 2.10　水–气界面的 PS 颗粒

颗粒直径 1μm

图 2.11　水–气界面玻璃颗粒

颗粒直径 1μm

　　以上是用眼睛观察图片直接可以得到的信息，更定量的计算当然是要依赖于 $g(r)$ 的测量和分析。不同密度 PS 颗粒样品按前文中的 $g(r)$ 测量方法做大量统计分析后，可以得到相应的 $g(r)$，结果如图 2.12。

　　图中空心圆圈所对应的曲线是图 2.10 的样品测量得到的 $g(r)$ 曲线。方块符号曲线代表同样的颗粒但较低颗粒密度样品的 $g(r)$ 测量结果。三角符号代表更低颗粒密度的样品的结果。

　　我们可以在此对图 2.12 的曲线直接从图上做更定量的一些分析。圆圈所对应的 $g(r)$ 曲线的第一个峰值的幅度为 1.6 左右。根据 $U/(k_B T) = -\ln 1.6$ 可以得到在 $r_0 = 10d$ 的位置上，作用势 U 的大小是 $0.5k_B T$ 左右，与前面的估算数值相符。而

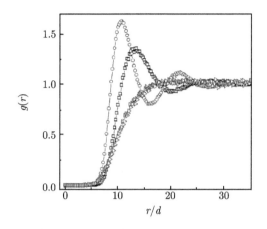

图 2.12　PS 胶体颗粒在不同密度下的径向对分布函数

三种曲线由高到低颗粒的面积分数分别为 0.2, 0.1, 0.01(出自参考文献 [14])

根据图中另一条密度略小样品的曲线 (用方块符号表示) 峰值: $r_0 = 12d$ 处 $g = 1.3$, 可以发现两者满足 $\ln 1.6 / \ln 1.2 = (12/10)^3$ 近似关系。指数 3 说明此处作用势强度随距离有 3 次方反比的变化关系, 表明颗粒间的相互作用可能是电偶极子相互作用。当然更严格地讲, 图 2.12 得到的 $g(r)$ 都是多体相互作用的结果, 所以不能直接使用 $U/(k_B T) = -\ln g$ 来准确计算两体相互作用势。这一点可以从在 $r_0 = 10d$ 和 $r_0 = 12d$ 两个位置计算出来的作用势其实都是吸引势 (由颗粒的有限空间中分布引起), 而非排斥势看出。但是多体作用下的吸引势其幅度和随空间变化趋势都是由颗粒间两体排斥势的性质决定的, 因此以上对作用势的强度做的数量级估算以及对作用势随距离 3 次方变化的粗略分析都能得到合理的结果。

　　为了得到真正两体相互作用的作用势曲线, 我们需要测量在稀疏极限条件下对应的 $g(r)$。对前述 PS 颗粒在足够稀疏的条件下测得的 $g(r)$ 曲线结果如图 2.13 所示 (即使继续减小颗粒的密度, 也不会改变测得的 $g(r)$ 曲线的形状)。这个曲线表明颗粒间的相互作用势的强度在距离 $r_0 = 18d$ 附近时已经远小于 $k_B T$, 因此在此距离之外颗粒存在于各处的概率相同, 对应于 $g = 1$。而在 $r_0 = 5d$ 以内, 颗粒出现的概率趋近于零, 说明在这个范围内颗粒间的相互作用强度远大于 $k_B T$。所以中间的过渡区是实验上能够测量到的颗粒间的相互作用势的有效区间, 这段范围的曲线数据精度决定了最终测量结果的质量。

　　对图 2.13 中 $g(r)$ 曲线取 $-\ln$, 计算 $U/(k_B T) = -\ln g$, 结果如图 2.14。实线是 $U \sim 1/r^3$ 拟合的结果, 可见在 $r > 5d$ 的范围内, 电偶极子模型可以很好地描述颗粒间的相互作用势。(对图 2.14 可能是另一种表述: 这个结果说明颗粒间的相互作用势是电偶极子相互作用。读者可以比较这两种表述之间的差异。)

　　一般说来实验上的测量与理论符合得很好并不是常见的情况, 因为真实世界的情况往往比理想情况复杂很多。

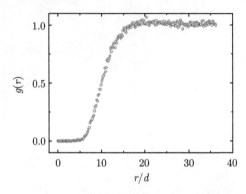

图 2.13　PS 胶体颗粒稀疏极限下的径向对分布函数

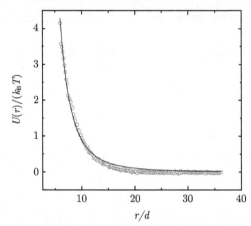

图 2.14　稀疏条件下 PS 样品颗粒间的相互作用势 (出自参考文献 Chen W, Tan S, Ng T
K, et al. Long-ranged atraction between chartged polystyrene spheres at aqueous
interfaces. Physical Review Letters, 2005, 95(21): 218301.1-218301.4)

　　到这里其实可以问一句，公式 (2.9) 中屏蔽库仑排斥势在 PS 颗粒样品的
图 2.14 中为什么没有出现，同样，描述水平旋转电偶极子的 $1/r^6$ 吸引势也没有出
现，而且图 2.14 中也的确没有看到有相互吸引颗粒的存在。事实上，如果对图 2.14
中的样品做扰动，比如，用吸管对样品池中的水做扰动，增加液体颗粒的运动和碰
撞机会，如图 2.15，扰动之后颗粒从图 2.14 的分布变成图 2.15，有很多粒子形成
了团簇。这表明颗粒的确存在吸引势。只不过这时的团簇非常稳定，颗粒在团簇中
各自的平衡位置做振动，但是不会脱离团簇，这使得对整张图片做稀疏条件下 $g(r)$
计算难以实现。

　　对比图 2.10 和图 2.14，发现颗粒似乎只能处于两种状态：或者彼此排斥，或
者彼此吸引。根据图 2.14 仔细观察发现：排斥势都是发生在颗粒间距比较大的

地方, $r > 5d$; 根据图 2.15 发现: 颗粒间的吸引势都发生在颗粒相对较近的地方, $r \approx 2d \sim 3d$。对比公式可知旋转涨落的水平偶极子的吸引势为 6 次方衰减, 与竖直方向偶极子 3 次方衰减的排斥势相比, 吸引势的确应是一个近程的相互作用势。从图 2.10 和图 2.15 的稳定性可知 (两种形貌都可以长时间保持), 颗粒在排斥势和吸引势这两者之间应该还有一个足够高 (高度与 $k_B T$ 相比) 的势垒: 这个势垒保证在处于排斥势距离上颗粒很难在热运动下跳过这个势垒进入更近的吸引势距离。在图像上表现出来就是图 2.10 中的这样已经均匀分散好的颗粒总不太可能彼此靠得太近。而用吸管扰动的结果是给颗粒施加更多的动能: 按照简单的估算, 这种扰动大概能够给颗粒增加 $10k_B T$ 的动能。然后我们看到颗粒可以变成图 2.15 的形貌。说明这个势垒的高度在 $10k_B T$ 附近或以下。同样图 2.15 的图像形貌也是非常稳定的, 即使在扰动下, 已经形成的团簇中的颗粒也很难再分离出来。这说明落入吸引势里面的颗粒如果要回到排斥势的距离上, 需要越过的势垒高度要明显高于 $10k_B T$(扰动的能量)。

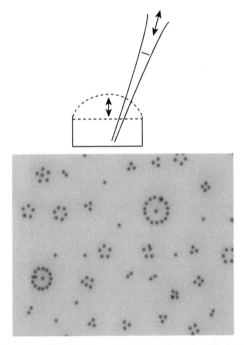

图 2.15 单分散的 PS 颗粒经过吸管扰动形成团簇

如果我们把公式 (2.9) 改写为

$$U(r) = U_1(r) + U_2(r) + U_3(r) \tag{2.18}$$

其中,

$$U_1(r) = A\frac{\exp(-r/\lambda_{\mathrm{D}})}{4\pi\varepsilon_0\bar\varepsilon r}$$

$$U_2(r) = \frac{P_\perp^2}{4\pi\varepsilon_0\bar\varepsilon r^3} \tag{2.19}$$

$$U_3(r) = -\left\langle\frac{P_\parallel^2 3\cos\phi_1\cos\phi_2 - \cos(\phi_2 - \phi_2)}{4\pi\varepsilon_0\bar\varepsilon r^3}\right\rangle$$

　　把实际中 PS 颗粒的各项数值用合适的参数代入公式 (2.18) 和 (2.19)，可以画出 $U_1(r), U_2(r), U_3(r)$ 各项结果如图 2.16(a) 所示。左侧最陡峭的是库仑屏蔽势 $U_1(r)$，其余正负两条分别对应 $U_2(r), U_3(r)$ 曲线。$U_1(r), U_2(r), U_3(r)$ 三条曲线相加得到整体 $U(r)$ 曲线如图 2.16(b) 所示。

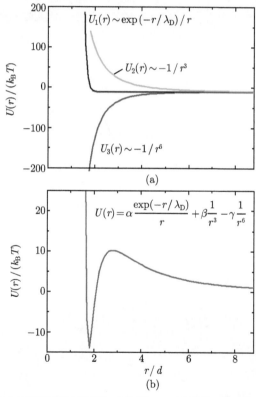

图 2.16　PS 颗粒的相互作用势示意图。(a) 图中的三条曲线分别对应
$U_1(r), U_2(r), U_3(r)$。(b) 图中的曲线为 (a) 图的三条曲线求和的结果

　　如图 2.16(b) 中 $U(r)$ 曲线所示，在近处 ($r \sim 2d$) 会有一个吸引势阱，同时在 $r \sim 3d$ 的附近会有一个势垒，越过势垒更右侧是一个连续单调的排斥势。这个图像可以清楚地表明从排斥势区间到吸引势阱需要越过的势垒大约在 $10\,k_{\mathrm{B}}T$，而从

$r \sim 2d$ 处势垒中向右跳出再回到排斥势区间 $(r \sim 6d)$, 需要翻越的势垒是 $\sim 22k_BT$。这解释了为什么颗粒更容易结合成团簇 (只要越过 $10k_BT$ 的势垒), 而不太容易把已经形成的团簇打散 (需要越过 $22k_BT$ 的势垒)。需要说明的是 $r \sim 2d$ 处势垒是库仑屏蔽排斥势和涨落偶极子吸引势在这个距离上交叠的结果。库仑排斥是更短程的相互作用势, 范围主要在德拜距离及以内。因此势阱左侧的上升 (主要是由 e 指数变化决定) 要比右侧的上升 (主要是由幂指数变化决定) 更陡峭。事实上我们可以估算一下从势阱中跃迁出来的概率是 $e^{-22} \sim 10^{-10}$。在实际中颗粒不会从势阱跳出, 全空间距离上的 $g(r)$ 概率的测量是没法完成的。而图 2.16 中的从排斥势跃入吸引势阱之间的势垒只有 $10k_BT$, 跃迁概率应该在 10^{-5} 左右。那么实验上只要等几天, 也许就会看到有一两个分散颗粒偶尔落入势阱。但一旦落入势阱内部, 逃脱该势阱的概率只有 10^{-22}, 在实验室的观测时间范围内便难以再跳出来。

作为实验研究者, 总是希望能实际测量到全空间的 $g(r)$ 曲线而不仅是理论猜想。从上面 PS 颗粒的例子看, 为了得到全空间的 $g(r)$, 需要减小势阱和势垒的幅度使得颗粒有一定的可测概率在势阱内外来回跳跃。为了做到这一点, 观察公式 (2.9), 既然作用势的幅度和带电量呈平方关系, 则最有效的办法是减小颗粒表面的带电量。我们知道玻璃表面的带电量是因为 SiO_2 的自然电离, 在中性 pH 纯水环境下这个电离概率很低。一般来说玻璃颗粒表面的带电量远远低于 PS 表面的带电量 (为了防止 PS 颗粒之间吸引所引起的不稳定, 通常 PS 表面要有足够多的电荷来相互排斥)。

那么可以对水–气界面上的玻璃颗粒做同样的测量以在实验上获得全空间的 $g(r)$ 吗? 图 2.12 是玻璃颗粒的结果。同样的处理我们可以得到对应的 $g(r)$, 为了对比, 我们把玻璃颗粒的 $g(r)$ 和 PS 颗粒的 $g(r)$ 放在同一张图像上比较, 结果如图 2.17。左侧的曲线是玻璃颗粒的结果, 曲线在 $r = d$ 附近非常陡峭地上升, 说明颗粒

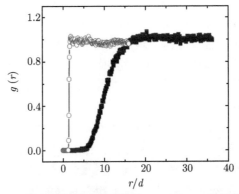

图 2.17 稀疏极限下玻璃颗粒的 $g(r)$ 和 PS 颗粒的 $g(r)$

左侧曲线为玻璃颗粒, 右侧为 PS 颗粒

间是非常短程的相互作用。

对图 2.17 中玻璃颗粒 $g(r)$ 曲线取对数 $-\ln$ 求得 $U(r)$，结果如图 2.18。可以发现玻璃颗粒的相互作用范围大大减小。在很短的距离内相互作用的强度就降低到远低于 k_BT。数据点是实验结果，实线是理论曲线拟合结果，两者也符合得很好。不过由于作用势衰减得非常快，$1/r^3$ 衰减的曲线并不能拟合图中的数据点。这里拟合曲线的对应公式是屏蔽库仑排斥势的公式 (2.5)。

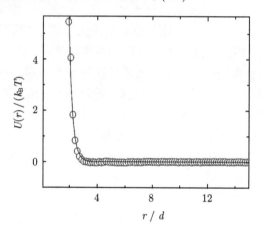

图 2.18　稀疏极限下玻璃颗粒的 $U(r)$ 曲线

数据点是实验结果, 实线是公式 (2.5) 拟合的结果

非常有趣，预计中的吸引势没有出现，甚至原来存在的 3 次方的偶极子排斥势也消失不见了。这是怎么回事？同样是界面上半浸润的颗粒，玻璃颗粒的电偶极子作用势去了哪里？

仔细检查公式 (2.9) 可以发现其中三项作用势的范围是不同的。竖直分量的电偶极子 3 次方衰减的排斥作用势是最长程的作用势, 水平分量的电偶极子 6 次方衰减的吸引作用势作用范围要短很多。最短的是 e 指数衰减的屏蔽库仑势。而 e 指数变化的作用势范围可以用德拜长度 λ_D 来刻画。在通常选用的 DI 纯水 (18.2MΩ·cm 去离子水) 环境下对应 pH 值等于 7 时的德拜长度约为 1μm。我们按照把玻璃颗粒系统的相关参数 (颗粒表面的电量和 1μm 的德拜长度等) 代入公式 (2.18) 和 (2.19)，可以画出 $U_1(r), U_2(r), U_3(r)$ 曲线，结果如图 2.19(a) 所示。

图 2.19(a) 中的屏蔽库仑势 $U_1(r, \lambda_D = 1\mu m)$ 左侧的上升沿已经覆盖了下方 6 次方吸引势 $U_3(r)$ 的左侧下降沿。因此最陡峭的变化部分基本是由屏蔽库仑势来决定的，而更远处虽然还是电偶极子 3 次方衰减的排斥作用势 $U_2(r)$，但是在这个距离上电偶极子排斥作用势的强度也已经衰减到 k_BT 以下。所以 $U_1(r, \lambda_D = 1\mu m), U_2(r), U_3(r)$ 三者相加之和 $U(r)$ 如图 2.19(b) 实线所示：$U_1(r, \lambda_D = 1\mu m)$ 的

贡献覆盖了 $U_2(r), U_3(r)$。这解释了为什么在图 2.18 中只看到了库仑屏蔽势 $U_1(r)$。

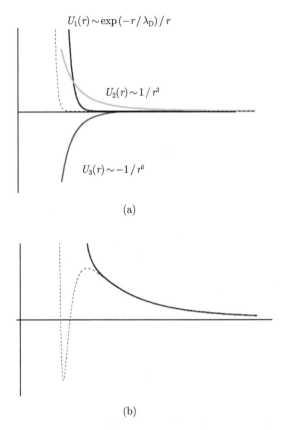

(a)

(b)

图 2.19 玻璃颗粒的相互作用势示意图

(a) 图中的三条曲线分别对应 $U_1(r, \lambda_D = 1\mu m)$, $U_2(r)$, $U_3(r)$。(a) 中虚线代表德拜长度 0.05μm 的曲线 $U_1(r, \lambda_D = 0.05\mu m)$。(b) 图中的实线为 $U(r) = U_1(r, \lambda_D = 1\mu m) + U_2(r) + U_3(r)$ 的结果。虚线为 $U(r) = U_1(r, \lambda_D = 0.05\mu m) + U_2(r) + U_3(r)$ 的结果

为了能够在实验上同时看到三种作用势，一个有效的选择是把屏蔽库仑势 $U_1(r)$ 向左平移。如图 2.19(a) 中虚线的位置为 $U_1(r, \lambda_D = 0.05\mu m)$。这样 $U_1(r, \lambda_D = 0.05\mu m), U_2(r), U_3(r)$ 三条曲线之和的结果如图 2.19(b) 中的虚线。曲线中可同时看到作用势的峰和谷。屏蔽库仑势向左平移相当于打开了一个窗口，把 1μm 附近的电偶极子吸引势的作用表现出来。如果作用势的峰和谷的幅度都是在 k_BT 数量级，就可以很容易在实验上测量得到。而按照德拜长度的性质，我们可以通过增加水中的离子浓度来减小德拜长度，从而减小屏蔽库仑势的范围，相当于把屏蔽库仑势在水平坐标轴上向左平移。以上是理论分析。

实验中最简单的改变离子浓度的办法是向水中增加 NaCl。按照公式 $\lambda_D(nm) =$

$0.76\sqrt{N}$ 的估算，可以通过添加合适摩尔浓度的 NaCl，相应调节德拜长度的大小。实验上改变不同 NaCl 摩尔浓度后的测量结果如图 2.20 所示。

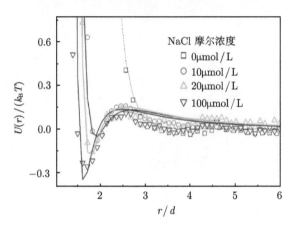

图 2.20　不同 NaCl 摩尔浓度下玻璃颗粒间的相互作用势比较

实线是理论拟合的结果。NaCl 摩尔浓度如图中不同符号所示

图 2.20 中的曲线从左到右分别对应 NaCl 的摩尔浓度为 100μmol/L，20μmol/L，10μmol/L 和 0μmol/L(纯水)。图中的曲线是公式 (2.9) 拟合的结果。可以清楚地看出随着 NaCl 摩尔浓度升高，库仑排斥势逐渐左移，吸引势势阱有显露出来的趋势。势阱的深度是在 $0.3k_BT$ 附近，所以刚好是可以和热运动相竞争的数量级。在实验中如果没有精确地控制水中的离子浓度，比如 $18.2M\Omega\cdot cm$ 的去离子水暴露在空气中，空气中的 CO_2 会逐渐溶解到水中，造成水中的离子浓度升高。这同样使得水中的德拜长度减小，表现出玻璃颗粒间的吸引势。实验室的测量结果表明，7 小时以上空气暴露，溶液中 CO_2 趋于饱和后等价德拜长度约为 50μmol/L NaCl 溶液的效果。因此在水中如果不加特别控制，同样可以测得在水面上玻璃颗粒之间的吸引力变化 [14,15]。

根据公式 (2.9) 拟合的参数，同样还可以估算在不同离子浓度中玻璃表面的电荷电量。在以上实验中估算出来的电荷电量的范围是 $2000e$ 和 $8000e$，不同电荷电量对应于不同的离子浓度。高离子浓度对应于高的表面电荷。

在弱吸引势作用下，高密度的颗粒经过足够长时间的热涨落可以彼此吸引形成晶核。图 2.21 显示的是把高密度的玻璃胶体静置两个星期后，原来离散的单粒子可以慢慢形成很好的单晶区域。所以这是胶体颗粒体系可以作为非常好的晶体生长的模型系统的例子。

事实上除了颗粒表面电荷不均匀导致的颗粒相互吸引之外，还有很多的因素也可以在带同种电荷的颗粒间产生吸引力，比如边界上的毛细力、靠近边界时颗粒间的流体力学相互作用等 [16−22]。但是这些力通常没有空间取向，不会使颗粒呈链状结构，这里就不一一介绍了。

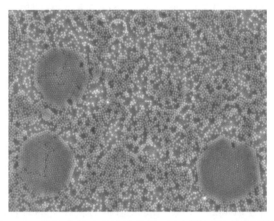

图 2.21　高密度的玻璃胶体静置两个星期后的晶生长图像

2.9　快速判断曲线的变化规律: 单 ln 或双 ln 坐标

实验上我们常用的快速估算曲线形式的做法是尽量将曲线结果画成直线的表达形式。比如若欲估计某曲线是否满足幂指数，作图时可将横轴、纵轴均取对数坐标，观察所得图线是否变为直线。因为对于幂函数 $Y = a \cdot x^b$，左右取对数有 $\ln Y = b \ln x + \ln a$，此时直线 $(\ln Y\text{-}\ln x)$ 的斜率对应幂指数 b 的大小。若想估计某曲线是否满足 e 指数，作图时可将纵轴取为对数坐标，横轴取为自然坐标，观察所得图线是否变为直线。对于 e 指数函数 $(Y = a \cdot e^{bx})$ 左右取对数有 $\ln Y = bx + \ln a$，此时直线 $(\ln Y\text{-}x)$ 的斜率 b 对应 $(Y = a \cdot e^{bx})$ 指数上面的系数 b。考虑 bx 应为无量纲的组合，则有 $1/b$ 对应此系统与 x 相应的特征量: 如果 x 是距离，那么 $1/b$ 就是系统的一个特征长度; 如果 x 是时间，那么 $1/b$ 就是系统的一个特征时间。同样对于估计高斯分布，作图时可将纵轴取对数坐标，横轴取自然坐标的平方，观察所得图线是否变为直线。这样做的好处是，人的眼睛对于直线是非常敏感的。但对于曲线，人眼很难直接判断究竟是 $1/r^2$, $1/r^3$ 还是 e^{-r}。

2.10　多余熵和 entropy-scaling

$g(r)$ 曲线的特征表征有序度的高低。曲线中如果出现很多峰值，这代表在某些特定距离上颗粒出现的概率比较高，表征比较高的空间有序度。如果曲线比较平直，代表各个地方出现颗粒的概率相差不大，对应比较低的空间有序度。这可以很

直观地从 $g(r)$ 曲线和颗粒图像的对应上看出来。但是用一条曲线来刻画系统有序度的高低并不方便，人们希望用一个特定的物理量数值对系统的有序度高低做定量的比较。在物理系统中，人们习惯用熵来表述系统的有序度。在多粒子动力学系统中，人们根据对分布函数 $g(r)$ 来计算系统的多余熵(excess entropy)S_2。两者的关系如下列公式所示：

$$S_2 = -\frac{4n}{d^2} \int_0^\infty \{g(r) \ln[g(r)] - [g(r) - 1]\} r \mathrm{d}r \tag{2.20}$$

式中，d 代表颗粒直径；n 代表颗粒面积分数。从 0 到无穷远的 $r\mathrm{d}r$ 积分形式代表对全空间的面积进行计算。公式中 $[g(r) - 1]$ 对应于空间中颗粒密度偏离平均值的大小。积分 $g(r) \ln[g(r)]$ 的部分相当于以 $g(r)$ 为权重对 $\ln[g(r)]$ 做统计平均。$p \cdot \ln(p)$ 是由概率 p 经典地表述熵的方法：把 $g(r)$ 看作是概率，其大小则正比于其所对应微观态的数目；取对数之后即对应熵 $\ln[g(r)]$；再以 $g(r)$ 本身数值作为权重因子，做累加求和 (此处为积分) 即相当于求全部状态熵的统计平均。S_2 越低表征系统的熵越低，系统越有序。另外需要说明的是，熵是一个有量纲的物理量，而根据上面公式计算出来的 S_2 是一个无量纲的数。这个并不矛盾，上式计算所得的熵值 S_2 是以 k_BT 为量纲的。这个 k_BT 信息已经包含在 $g(r)$ 的计算当中，因为 $g(r)$ 的大小直接和 k_BT 相关。

　　我们从实验上可以有一个直观的观察：从图 2.12 可见，颗粒的密度越高，颗粒的排列就越有序，对应于 S_2 越小。而此时单颗粒粒子的扩散系数 D 的测量结果就越低，如图 2.22 所示。

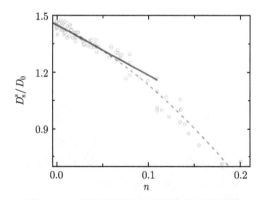

图 2.22　不同密度的玻璃胶体的扩散系数

横轴 n 是胶体单层的面积分数，虚线是公式拟合结果 (出自参考文献 Chen W, Tong P. Short-time self-diffusion of weakly charged silica spheres at aqueous interfaces. Europhysics Letters, 2008, 84(2): 28003)

图中曲线满足以下公式：

$$D_s^s = \alpha(1 - \beta n - \gamma n^2) \tag{2.21}$$

公式中的一阶项代表稀疏条件下颗粒间两体相互作用的结果。公式中的高阶项代表多体相互作用的结果，因此颗粒的密度越高，高阶项的贡献越大。

所以多余熵 S_2 和扩散系数 D 都是颗粒密度的函数。其中多余熵 S_2 表征的是系统的结构信息，而扩散系数 D 代表的是系统的动力学特性。对任意一个多粒子系统，寻找系统的结构和动力学特性之间的联系是物理学家一贯的目标。在胶体颗粒系统中，S_2 和 D 都可从实验中测量得到，那么表征系统结构的 S_2 和代表系统动力学特性的 D 之间是否可以直接关联？从实验结果方面来说，S_2 和 D 都是颗粒密度的函数，$S_2(n)$ 和 $D(n)$ 两者都随颗粒密度 n 增大而减小。那么至少在数学上一定可以经过代换建立起 S_2 和 D 之间的函数关系。这个关系现在被称为 Rosenfeld 标度律 [23]，S 和 D 有类似以下关系：

$$D \sim e^S \tag{2.22}$$

其中，S 是系统的熵。Baranyai 和 Evans 的早期工作表明，在一个标准的 Lennard-Jones 势系统中，在非常宽的密度范围内，90%以上的熵都由 S_2 来贡献。

然而一开始看公式 (2.22) 可能会让人感到困惑：虽然 S 和 D 都是实验中从颗粒的图片中得到，但两者包含的信息有很大差别。比如熵对应的是系统结构，这里可以由 $g(r)$ 表示。它所包含的信息是在实验中从颗粒的静态图片中得到的。由于实验条件所限，一般都是多张图片统计平均的结果。但是在计算 S_2 时，并不需要包含图片之间的时间信息。从统计分析的角度讲，只要保证图片的时间间隔 dt 足够大，大到时间轴上近邻的两张图片的结构在热运动的扰动下经过时间间隔 dt 之后可以看作是彼此独立就可以。原则上如果有一张空间范围足够大的照片，照片能够包含足够多的胶体颗粒，那么这一张静态的图片就可以给出系统足够准确的 $g(r)$ 或者说 S_2。而一张静态图片的信息不能给出任何包含时间量纲的物理量。从信息传递的角度，即使 S_2 包含了这张图片的全部信息，它最多也只能够包含和空间尺寸有关的信息，而不会包含任何时间的信息。另一方面，扩散系数 D 是描述颗粒运动快慢的物理量，只能通过计算在给定时间间隔下颗粒的位移来完成。因此 D 的计算是不可能通过一张静态图片完成的，只能通过一系列给定时间间隔 dt 的图片来计算颗粒的位移得到。D 的信息量里一定要包含时间的信息。如果存在类似上式的关系，就是说给定了一个 S，就能够有一个确定的 D。这听起来是说：原则上通过一张只包含静态结构 (S_2) 的颗粒图片，就能确定颗粒运动得有多快 (D)。听起来不符合信息传递的原则。

实际上这些疑问可以得到解决，公式 (2.22) 可以写成

$$D = Ae^S \tag{2.23}$$

式中的 A 是系数。我们可以从数学原则推论一下 A 中都包含哪些物理量。首先我们从数学形式上的要求可知，e 指数只能是一个无量纲的数。如果我们这里用 S_2 代替 S 是可以的，因为公式中计算的 S_2 是无量纲的数。同样 e^S 也是一个无量纲的数，那么 D 和 A 就应该是同量纲的物理量。A 作为常数应该是系统的一个特征扩散系数 D_0。进一步考虑，这个 D_0 描述的是当系统的熵为 0 的时候系统的特征扩散系数，即 $D = D_0 e^S$。我们把 S 看作 S_2，可知当 $g(r) = 1$ 时，对应计算出的 $S_2 = 0$，$g(r) = 1$，这意味着颗粒处于极稀疏的极限条件下，即颗粒之间的相互作用和 $k_B T$ 相比可以忽略不计。在这种极限条件下，颗粒的运动都可以视为单颗粒运动 (忽略其他颗粒的热力学影响)，而此时的颗粒扩散系数 D_0 就是单颗粒在稀疏条件下的扩散系数，这就是上式中 A 的含义。因此上面的公式可以写成 $D/D_0 = e^S$。这个公式可以解释上面的疑问：为什么通过一张只包含静态结构 (S_2) 的颗粒图片，就能确定颗粒运动得有多快 (D)？实际上并不能确定颗粒的绝对运动快慢 (因为这是包含时间量纲的)，但是可以确定相对运动快慢 D/D_0。信息传递的原则并没有被打破。

简单的图像可以如下理解：定义 ω_0 是布朗运动中的爱因斯坦碰撞频率，$l_0 = n^{-3}$ 为平均颗粒间距 (n 是颗粒密度)，则系统特征的扩散系数单位为 $D \sim l_0^2 \omega_0$。考虑到黏度和动量扩散的关系，有 $\eta/(mn) \sim l_0^2 \omega$。各个自由度颗粒动能均分有 $m \omega_0^2 x^2 = k_B T$。每个颗粒的多余熵与颗粒所占空间体积大小的关系可以写成

$$S_2 = k_B \ln(\sqrt{\langle x^2 \rangle}/l_0) \tag{2.24}$$

代入以上关系可得

$$D \sim l_0 \sqrt{k_B T/m} \cdot e^{-S_2/k_B} \tag{2.25}$$

即可得到 Rosenfeld 的最早形式。Rosenfeld-Dzugutov 关系提出以后，有很多相关的模拟和计算的研究来验证，但是相关的实验不多。这是因为这个理论最早是处理简单液体、液态金属、电子气这类凝聚态体系的。对于这类体系，同时测量体系的对分布函数和扩散系数是相当困难的。

胶体颗粒作为典型多粒子相互作用的模型体系对这一类实验研究有着天然的优势。一个明显的优势是对于胶体颗粒可以在实验上方便地调节它们之间的相互作用，是强还是弱，是长程还是短程。下面我们对 Rosenfeld-Dzugutov 关系用液体界面上的颗粒单层作为模板加以研究。这个关系的迷人之处在于关系是如此简单。一个可以理解的疑问是实际情况中颗粒间的相互作用千差万别。不同的颗粒间相互作用对 Rosenfeld-Dzugutov 关系有何影响？通过制备不同的胶体单层样品，人们可以方便地制备不同相互作用强度的颗粒样品。我们下面介绍相互作用特性不同的五种颗粒单层，比较它们所测得的结果是否满足理论预测的 Rosenfeld-Dzugutov

关系。这五种样品用 PS 和 silica 颗粒分别在水–气界面和水–固界面附近制备颗粒单层 [24]，五种样品如图 2.23。

样品 1: 直径1.1μm的 PS 颗粒在水–气界面上。上面为空气，下面为水。表面电荷密度为−12μC / cm²

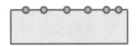

样品 2: 直径1.0μm的 PS 颗粒在水–气界面上。上面为空气，下面为水。表面电荷密度为−2.8μC / cm²

样品 3: 直径3.0μm的silica颗粒在水–固界面上。silica颗粒浸没在水中，下方是玻璃。颗粒表面电荷密度为0.01μC / cm²

样品 4: 直径2.14μm的silica颗粒在水–固界面上。silica颗粒浸没在水中，下方是玻璃。颗粒表面电荷密度为0.01μC / cm²

样品 5:直径2.14μm的silica颗粒在水–气界面上。silica颗粒浸没在水中，下方是空气。颗粒表面电荷密度为0.01μC / cm²

图 2.23　不同边界条件下五种样品

其中样品 1 和 2 是直径相近、表面带电量相差 5~6 倍的两种 PS 颗粒浮于水–气界面上，有约 1/3 直径的高度暴露在空气中。样品 3 和 4 是直径不同、带电量相同的两种 silica 颗粒沉降于水–固 (水–玻璃) 界面，颗粒都浸没在水中。样品 4 和 5 的 silica 颗粒性质相同，但是沉降于水–气界面。图中颗粒都浸没在水中，水下方为空气。以上样品的具体制备过程见本书附录的介绍。实验中样品 1 和 2 都是 PS 颗粒半浸没在水中，颗粒间相互作用是长程的电偶极子作用势；实验中样品 3、4 和 5 都是 silica 颗粒完全浸没在水中，颗粒间相互作用是短程的屏蔽库仑作用势 (即 DLVO 相互作用)。样品 1、2 与样品 3、4、5 两组之间的测量所要比较的是：颗粒间长程或短程电荷作用势的系统中对 Rosenfeld-Dzugutov 关系的影响。物理上把粒子间电荷作用势归为热力学势。样品 1 和 2 虽然都是长程的电偶极子作用势，但是两者的带电量相差了 5~6 倍，则它们之间的作用强度差了 30 倍左右。样品 1 和 2 的测量结果比较的是同为长程作用势，不同的相互作用强度对 Rosenfeld-Dzugutov 关系的影响。

在胶体体系里，与热力学相互作用对应的是流体力学相互作用。流体力学相互作用的强度与颗粒的带电量无关，但是与颗粒的大小还有流体力学边界条件有关。样品 3 和 4 都是 silica 颗粒完全浸没在玻璃板上方。由于 silica 颗粒和玻璃底板的表面都带有微弱负电荷，在电的排斥作用下 silica 颗粒和玻璃底板之间有微小间隔，两者并不接触 (图 2.23)。颗粒在水分子热运动下还会有垂直于玻璃板面方向的涨落，这个微小间隔一直在随时间波动。silica 样品的直径选择为 3μm 而不是像 PS 选择为 1μm 主要有以下几个优势：颗粒越大，则颗粒越重，就可以抑制垂直方向的热涨落，从而减小 silica 颗粒和玻璃板间微小间隔的涨落幅度；另外，由于水

和 silica 颗粒之间的折射率差别远小于水和 PS 颗粒之间的折射率差别,所以显微
镜下尺寸较大的 silica 颗粒照片得到的样品图片一般对比度更好。可能的负面因素
是颗粒尺寸大则颗粒扩散慢,就需要更长的观测时间。但是这一因素在一般的实验
条件下影响不是很大。除非实验室的环境比较糟糕,不能长时间保持稳定的实验环
境才需要缩短实验时间,此时选择尺寸较小的颗粒为佳。

　　样品 3 和 4 都是 silica 颗粒完全浸没在玻璃板上方,但是两者的尺寸不同。
样品 3 和 4 的测量结果比较的是同为短程作用势,不同尺度的颗粒对 Rosenfeld-
Dzugutov 关系的影响。样品 4 和 5 使用的是相同的 silica 颗粒。但是样品 4 是沉
降在玻璃板上方的,样品 5 是沉降在空气上方的,颗粒并不会在重力作用下从水
中落出进入到空气层中,这是因为水的介电常数大于空气的介电常数。因此当颗粒
靠近水–气边界时,会有同号的镜像电荷彼此相斥。因此同样颗粒也不会接触到水
面。样品 4 和 5 的测量结果比较的是同为短程作用势,相同尺度的颗粒具有不同
流体力学边界条件对 Rosenfeld-Dzugutov 关系的影响。以上五种样品的 $g(r)$ 曲线
和 $D(n)$ 如图 2.24。五种颗粒的热力学作用形式可以从各自的 $g(r)$ 曲线中分析。

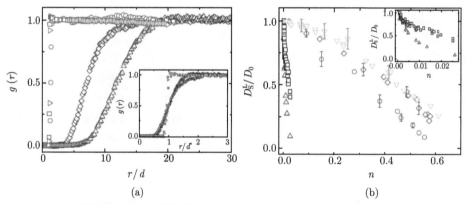

图 2.24　(a) 不同边界条件下五种胶体颗粒单层的径向分布函数 (△: 样品 1;◇: 样品 2;□:
样品 3;○ 样品 4;△: 样品 5。子图中 r/d^* 为归一化变量);(b) 不同边界条件下五种胶体颗
粒单层的扩散系数随颗粒密度的变化 (△: 样品 1;□: 样品 2;○: 样品 3;◇ 样品 4;▽:
样品 5) (出自参考文献 [24])

　　从图 2.24 中 $g(r)$ 曲线对比可看出,缓慢上升的两条曲线分别表示两种 PS 颗
粒的长程衰减作用势。两条曲线上升的位置和斜率表示作用势强度的差别。三种
silica 颗粒的 $g(r)$ 曲线都重合落在图的左侧,陡峭上升,表征三种颗粒的作用势在
稀疏情况下可近似看作是硬球模型的相互作用势。图中的插图表示如果把所有曲
线上升沿的中值都重合在一起,相当于把两种 PS 颗粒的对应曲线的横轴 (颗粒间
距) 做一个尺度变换:把颗粒间距都除一个等价的颗粒排斥尺度 d'。对于 PS 颗粒

样品 1, $d' = 11.7d$, 此处 d 代表本来的颗粒直径。这表示 PS 颗粒样品 1 可以看作平均直径为 $11.7d$ 的颗粒, 彼此以软球的模式相排斥, 此等效软球的软硬程度由上升沿的斜率表示。对于 PS 颗粒样品 2, $d' = 6.9d$。插图中两 PS 颗粒样品曲线上升沿斜率基本接近, 代表两 PS 颗粒样品的等效球的软硬程度接近。仔细观察, 发现编号为 2 的 PS 样品颗粒曲线上升沿斜率在两侧更缓一点, 代表 PS 颗粒样品 2 的等效球相比稍软。

如果各自的因素都对 Rosenfeld-Dzugutov 关系有影响, 那么我们可以得到五条不同的 $D(S_2)$ 曲线。如果都没有影响, 我们应该得到五条 $D(S_2)$ 曲线重合在一起。测量结果如图 2.25 所示。

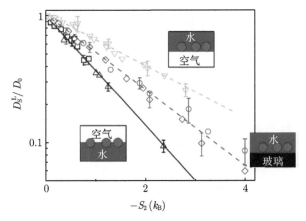

图 2.25 五种样品的 $D_\mathrm{s}^\mathrm{L}/D_0$-$(-S_2)$ 曲线 (出自参考文献 [24])

图 2.25 中纵轴的尺度取为对数, 横轴为自然坐标, 结果呈现为直线, 说明 $D(S_2)$ 的确满足类似 Rosenfeld-Dzugutov 关系。五种样品的 $D(S_2)$ 曲线最终归为三条曲线, 但都满足公式 (2.26)

$$\frac{D}{D_0} = \exp\left(\alpha \frac{S_2}{k_\mathrm{B}}\right) \tag{2.26}$$

其中系数 α 的不同取值对应于各种条件下曲线斜率值。样品 1、2 的 $D(S_2)$ 测量结果重合在一起, 为最下方一条曲线, 对应于 $\alpha = 1$; 样品 3、4 的测量结果重合在一起为中间的曲线, 对应于 $\alpha = 0.7$; 样品 5 的测量结果为最上面一条曲线, 对应于 $\alpha = 0.5$。从结果分析可见样品 1、2 的结果彼此重合但与其他的曲线分开, 这说明颗粒间的相互作用衰减形式确实会影响到 $D(S_2)$ 的衰减形式。样品 3、4、5 的结果相比, 很明显更长程的热力学相互作用使得 $D(S_2)$ 曲线衰减得更快。这意味着有序度相同的样品, 颗粒间热力学相互作用越为长程, 则其相对扩散系数越小。说明样品的有序度本身并不能一一对应于颗粒的全部动力学特征。而对于样品 1、2(带电量相差 5~6 倍的胶体颗粒样品), 它们的 $D(S_2)$ 曲线在实验误差内都很好地重合在一起, 说明同一类热力学相互作用的强度高低并不会影响 $D(S_2)$ 曲线的形式。对于这一点从样品 3、4(排斥直径相差了 1.5 倍的近似硬球相互作用) 的测量结果重合曲线也可以得到验证: 同类热力学相互作用对应于同一个 $D(S_2)$ 关系。

考虑到对于 $S_2 \sim \ln(\Omega_0/\Omega)$, 此处 Ω_0 对应于体系处于理想气体条件下的微观态数目; Ω 代表体系的微观态数目, 是颗粒密度 n 和体系压强 p 的函数。而体系的压强 p 不仅是 n 的函数, 同时也与颗粒间热力学相互作用形式有关。因此当 $\alpha = 1$ 时, 对应于

$$\frac{D}{D_0} = \frac{\Omega}{\Omega_0} \tag{2.27}$$

样品 3、4 和样品 5 的热力学相互作用也相同, 但是它们的结果并没有重合在一起。这表明 $D(S_2)$ 除了受颗粒间热力学相互作用影响之外, 也受胶体颗粒间的流体力学相互作用影响。样品 3、4 和样品 5 的区别在于流体力学的边界条件不同。样品 3、4 处于水–玻璃界面附近, 这对应于流体–固体的边界; 样品 5 处于水–空气面附近, 这对应于流体–流体的边界。由于非滑移边界条件, 对于水平方向上流体–流体界面上颗粒运动的流场不会被边界截断。但是流体–固体的边界上, 水平方向上流体–流体界面上颗粒运动的流场在边界处总是要迅速衰减为零。因此流体–流体的边界上 (样品 5) 的流体力学相互作用相比于流体–固体的边界 (样品 3、4) 上要更长程。和热力学相互作用相比, 似乎流体力学相互作用的角色恰好相反: 更长程的流体力学相互作用使得 $D(S_2)$ 曲线衰减得更慢。这意味着有序度相同的样品, 具有较长程热力学相互作用的颗粒, 其相对扩散系数较大。如公式中 e 指数在研究粒子在随机能量势阱中迁移时, Bagchi 通过等效介质近似 (effective-medium approximation)[25] 发现体系符合 e 指数的标度规律。不同的无序程度对应于 e 指数的标度律中不同的 α 数值 [26], 比如在一般无序度下似乎总有 $\alpha = 1$[22,27,28]。

事实上, 对于 α 在这样相近的系统里要取不同值, 似乎并不令人满意。这样的 e 指数关系虽然简单, 但似乎还谈不上是真正的普适。另一类关系是 Trukett 等通过第二位力系数 (virial coefficient) 研究软球作用势下的 S_2 标度关系时建立的幂指数反比例关系 [29],

$$D \sim \frac{1}{S_2} \tag{2.28}$$

然后通过进一步多模耦合模型 (mode coupling model) 推导 $D(S_2)$ 得出幂指数函数的关系 [30,31]

$$D \sim \frac{1}{1 - S_2} \tag{2.29}$$

这个模型可以解释之前很多液体的模拟和计算中都发现的现象: 当 S_2 的数值很小时计算得到的 $D(S_2)$ 和 Rosenfeld-Dzugutov 的关系有较大偏差。而公式 (2.29)

可以在相当大的密度范围内很好地符合这部分数据, 如图 2.26 所示。

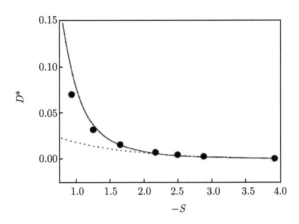

图 2.26 Lennard-Jones 势模拟的 D^*-$(-S)$ 曲线

实线是理论拟合结果。虚线是 Rosenfeld-Dzugutov 关系拟合结果 (出自参考文献 [30])

Samanta 等对于他们的模型和 Rosenfeld-Dzugutov 关系不同的解释是: 当 S_2 足够小时, 因为近似有 $(1 - S_2)^{-1} \approx \exp(S_2)$。所以 Samanta 模型自然可以在此条件下回到 Rosenfeld-Dzugutov 关系。但是这个解释似乎和之前的结论 (当 S 的数值很小时, Rosenfeld-Dzugutov 关系会有些偏差) 有些矛盾。目前这个问题还在讨论中。

公式 (2.29) 模型的另一个优势是可以推广于各类软球体系, 比如高斯核模型、Hertzian 颗粒液体等, 也可以适用于各类多组分的体系 [22,28,29]。如果组成系统的是两种粒子, 那么对每一类粒子都可以单独计算 D 和 S_2, 也服从上面的幂指数分布关系。多组分系统中的每一种粒子组分 μ 可有对应的爱因斯坦关系 $D_\mu / (k_B T \cdot \xi_\mu)$。其中的阻碍项 ξ_μ 可分成两项 ξ_μ^B 和 $\xi_\mu^{\rho\rho}$, 前者代表两体碰撞产生的阻碍, 可以由 Enskog 理论给出, 后者代表密度涨落的结构弛豫产生的阻碍, 可以由模式耦合理论给出。且使用 $D_\mu^B = k_B T / \xi_\mu^B$ 作为特征量, 取代了前面的 D_0。最终给出公式 (2.29) 的完整表达 [30],

$$\frac{D_\mu}{D_\mu^B} = \frac{A}{1 - S_\mu} \tag{2.30}$$

但是公式 (2.30) 也只是符合部分伦纳德–琼斯势下的模拟数据。后来显示的实验结果和公式 (2.30) 还是稍有偏差 [32]。实验使用一种颗粒作为示踪颗粒, 其直径 0.2μm; 另外一种颗粒作为背景颗粒, 直径 1.0μm。实验的调节参数是用背景颗粒的结构变化来研究示踪颗粒的扩散系数。通过调节颗粒的密度和电量, 可以连续地改变背景颗粒的结构从无序到晶格排列, 以及晶格的长度。整个体系是夹在两层玻璃板当中的, 因此流体力学的作用都被边界截断。但是背景颗粒的结构改变相当于示踪粒子在不同的势阱周期中做扩散运动, 实验结果如图 2.27 所示。

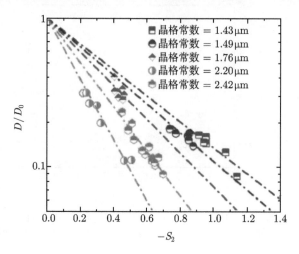

图 2.27　不同周期势阱下 D/D_0-$(-S_2)$ 曲线

用 Rosenfeld-Dzugutov 关系拟合 (出自参考文献 [32])

图 2.27 中各线对应不同的背景势场中公式 (2.26) 中不同的 α 数值。进一步分析发现如果不使用 D_0, 而是使用 $D_n = \omega d^2$ 作为扩散系数系统的特征单位 [33], 其中 d^2 是颗粒直径, ω 是颗粒的碰撞频率, 满足

$$\omega = 2\sigma\rho g(\sigma)\sqrt{\pi k_B T/m} \tag{2.31}$$

令 $D^* = D/D_n$, 那么所有的曲线最终可以重叠成一条普适曲线, 如图 2.28。但是公式 (2.26) 和 (2.30) 的拟合结果都和实验结果有偏差。事实上, 考虑到胶体颗粒都是浸没在液体中, 公式 (2.30) 中 $D_\mu^B = k_B T/\xi_\mu^B$ 里面的阻碍项里除了两体碰撞和结构弛豫的贡献, 还应该有一个来自于液体黏滞所带来的阻碍项 ξ_s。事实上, 这一项就是爱因斯坦关系中所导出的单颗粒粒子扩散系数 D_0 中所包含的 Stocks 阻碍项 $D_0 = k_B T/\xi_s$。如果考虑到 ξ_s 的贡献, 公式 (2.30) 应改写为

$$D = \frac{k_B T}{\omega d^2 \xi_B}\frac{1}{A(1 - S_\mu) + \xi_s/\xi_B} \tag{2.32}$$

图 2.28 的实验数据与公式 (2.32) 符合得很好。可以看出公式 (2.32) 中并没有考虑流体力学相互作用的贡献。没有加进流体力学相互作用时蒙特卡罗模拟的结果和实验结果讨论, 这说明图 2.28 的数据中的确没有流体力学相互作用的贡献。原因可能是上面所讨论的上下两层玻璃边界的非滑移条件截断了流体力学相互作用。

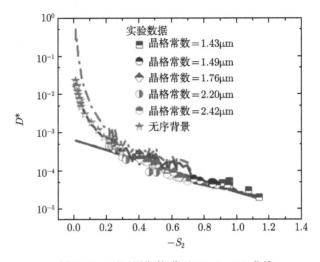

图 2.28　不同周期势阱下 D^*-$(-S_2)$ 曲线

直线是 Rosenfeld-Dzugutov 关系公式的拟合结果。上面的点划线是拟合结果 (出自参考文献 [3])

直到现在，关于多余熵和扩散系统的普适关系的讨论还没有最终的答案，我们已经知道很多系统在各自条件下符合某些 "普适关系"，但是这些 "普适关系" 在另一些系统中会失效。现在的认识是至少对于作用势满足欧拉一致性 (Euler homogeneous) 的体系，即作用势服从公式 (2.33) 的体系应该有一个关于 S_2 的普适标度。

$$U(\lambda R) = \lambda^{-n} U(R) \tag{2.33}$$

比如界面上胶体单层中电偶极子相互作用这类典型的幂指数反比律的体系。事实上多余熵的概念应用的领域非常广泛，如气体、液体 (过冷液体)、金属、电子气、多组分粒子混合加之各类势场影响下的体系。与之相关的理论也非常多，除了之前提到的模式耦合，还有如度量粗粒化过程中信息损失 (Kullback-Leibler 发散) 的相对熵，玻璃相变中的 Adam-Gibbs 构型熵 [34−38]，粒子在相空间中运动轨迹变换率对应的 Kolmogorov-Sinai 熵 [39,40]，甚至非平衡下体系在稳态条件下也可以通过 $g(r)$ 的测量来估算 S_2。

从以上的实验结果可以看出 (还有大量的模拟结果，这里没有一一列出)，对于上面提到的 e 指数和幂指数规律都各有验证。关于多余熵的理解和应用还在继续探索中，很多问题还有待继续研究 [23,41−48]。比如两体相互作用对应的多余熵占了体系熵的大多数，但是多体相互作用贡献的熵对扩散系数是如何影响的还是没有完全清楚。

小结：本章首先介绍胶体间常见的几种热力学作用势、范德瓦耳斯作用和 DLVO 理论。详细介绍在水–气界面上颗粒间的静电相互作用势，讨论加入电偶极子作用势以后引起的变化。仔细讨论径向分布函数的算法和曲线的图像分析方法，并解释了水–气界面上同号电荷相吸的现象。其中仔细介绍了当发现实验结果与初始理论预期不同之后，如何再确认实验条件、重新梳理理论图像、做出猜想、最终实验验证的整个过程，希望对研究生有所帮助。最后介绍关于熵标度率的研究，这一问题还没有最终的定论。

参 考 文 献

[1] Israelachvili J N. Intermolecular and Surface Forces. London: Academic Press, 1985.

[2] Wang A, Zwanikken J W, Kaz D M, et al. Before the breach: interactions between colloidal particles and liquid interfaces at nanoscale separations. Phys. Rev. E, 2019, 100(4): 042605.

[3] Mitra N, Kemp B A, Sarkar T, et al. Non-touching confinement of ternary particle systems by electrostatic surface forces. J. Appl. Phys., 2019, 126(7): 075111.

[4] Mussotter M, Bier M, Dietrich S. Electrolyte solutions at heterogeneously charged substrates. Soft Matter, 2018, 14(20): 4126-4140.

[5] Zanini M, Marschelke C, Anachkov S E, et al. Universal emulsion stabilization from the arrested adsorption of rough particles at liquid-liquid interfaces. Nature Commun., 2017, 8(1): 5701.

[6] Kemp B A, Nikolayev I, Sheppard C J. Coupled electrostatic and material surface stresses yield anomalous particle interactions and deformation. J. Appl. Phys., 2016, 119(14): 145105.1-145105.7.

[7] Kelleher C P, Wang A N, Guerrero-García G I, et al. Charged hydrophobic colloids at an oil-aqueous phase interface. Phys. Rev. E, 2015, 92(6): 062306.

[8] Wang Y J, Xu Z, Sheng P, et al. Electric-field-induced forces between two surfaces filled with an insulating liquid: the role of adsorbed water. European Physical Journal-Applied Physics, 2014, 66(3): 31301.

[9] Majee A, Bier M, Dietrich S. Electrostatic interaction between colloidal particles trapped at an electrolyte interface. J. Chem. Phys., 2014, 140(16): 164906.

[10] Hamrock B J, Schmid S R, Jacobson B O. Fundamentals of Fluid Film Lubrication. New York: Marcel Dekker Inc., 2004.

[11] Dhont J K G. An Introduction to Dynamics of Colloids. Amsterdam: Elsevier, 1996.

[12] Russel W B, Saville D A, Schowalter W R. Colloidal Dispersions. Cambridge: Cambridge University Press, 1992.

[13] Phil A. Recent advances in the electric double layer in colloid science. Current Opinion in Colloid & Interface Science, 2001, 6(4): 366-371.

[14] Chen W, Tan S, Huang Z, et al. Measured long-ranged attractive interaction between charged polystyrene latex spheres at a water-air interface. Phys. Rev. E, 2006, 74(2): 021406.

[15] Chen W, Tan S, Zhou Y, et al. Attraction between weakly charged silica spheres at a water-air interface induced by surface-charge heterogeneity. Phys. Rev. E Stat. Nonlin. Soft. Matter. Phys., 2009, 79(4): 041403.

[16] Han Y, Grier D G. Confinement-induced colloidal attractions in equilibrium. Phys. Rev. Lett., 2003, 91(3): 038302.

[17] Fomin Y D, Tsiok E N, Ryzhov V N. Core-softened system with attraction: trajectory dependence of anomalous behavior. J. Chem. Phys., 2011, 135(12): 124512.

[18] Nikolaides M G, Bausch A R, Hsu M F, et al. Electric-field-induced capillary attraction between like-charged particles at liquid interfaces. Nature, 2002, 420(6913): 299-301.

[19] Sokolov Y, Frydel D, Grier D G, et al. Hydrodynamic pair attractions between driven colloidal particles. Phys. Rev. Lett., 2011, 107(15): 158302.

[20] Squires T M, Brenner M P. Like-charge attraction and hydrodynamic interaction. Phys. Rev. Lett., 2000, 85(23): 4976-4979.

[21] Angelini T E, Liang H, Wriggers W, et al. Like-charge attraction between polyelec-trolytes induced by counterion charge density waves. Proc. Natl. Acad. Sci. USA, 2003, 100(15): 8634-8637.

[22] Krekelberg W P, Ganesan V, Truskett T M. Shear-rate-dependent structural order and viscosity of a fluid with short-range attractions. Phys. Rev. E, 2008, 78(1): 010201.

[23] Dyre J C. Perspective: excess-entropy scaling. J. Chem. Phys., 2018, 149(21): 210901.

[24] Ma X, Chen W, Wang Z, et al. Test of the universal scaling law of diffusion in colloidal monolayers. Phys. Rev. Lett., 2013, 110(7): 078302.

[25] Banerjee S, Biswas R, Seki K, et al. Diffusion on a rugged energy landscape with spatial correlations. J. Chem. Phys., 2014, 141(12): 124105.

[26] Dyre J C. Energy master equation—a low-temperature approximation to Bässler's random-walk model. Phys. Rev. B, 1995, 51(18): 12276-12294.

[27] Ingebrigtsen T S, Tanaka H. Structural predictor for nonlinear sheared dynamics in simple glass-forming liquids. Proc. Natl. Acad. Sci., 2018, 115(1): 87-92.

[28] Krekelberg W P, Ganesan V, Truskett T M. Structural signatures of mobility on inter-mediate time scales in a supercooled fluid. J. Chem. Phys., 2010, 132(18): 184503.

[29] Krekelberg W P, Pond M J, Goel G, et al. Generalized Rosenfeld scalings for tracer diffusivities in not-so-simple fluids: mixtures and soft particles. Phys. Rev. E, 2009, 80(6): 061205.

[30] Samanta A, Ali S M, Ghosh S K. New universal scaling laws of diffusion and Kolmogorov-Sinai entropy in simple liquids. Phys. Rev. Lett., 2004, 92(14): 145901.1-145901.4.

[31] Samanta A, Ali S M, Ghosh S K. Universal scaling laws of diffusion in a binary fluid mixture. Phys. Rev. Lett., 2001, 87(24): 245901.

[32] Ning L, Liu P, Zong Y, et al. Universal scaling law for colloidal diffusion in complex media. Phys. Rev. Lett., 2019, 122(17): 178002.

[33]　Wang C H, Yu S H, Chen P. Universal scaling laws of diffusion in two-dimensional granular liquids. Phys. Rev. E, 2015, 91(6): 060201.

[34]　Gibbs J H, DiMarzio E A. Nature of the glass transition and the glassy state. J. Chem. Phys., 1958, 28(3): 373-383.

[35]　Bestul A B, Chang S S. Excess entropy at glass transformation. J. Chem. Phys., 1964, 40(12): 3731-3733.

[36]　Adam G, Gibbs J H. On temperature dependence of cooperative relaxation properties in glass-forming liquids. J. Chem. Phys., 1965, 43(1): 139-146.

[37]　Dudowicz J, Freed K F, Douglas J F. Generalized entropy theory of polymer glass formation//Rice S A. Advances in Chemical Physics. Hoboken, N J, USA: John Wiley & Sons, Inc., 2008: 125-222.

[38]　Xu W S, Freed K F. Thermodynamic scaling of dynamics in polymer melts: predictions from the generalized entropy theory. J. Chem. Phys., 2013, 138(23): 234501.

[39]　Andrade E N D. A theory of the viscosity of liquids—Part I. Philos. Mag., 1934, 17: 497-511.

[40]　Allegrini P, Douglas J F, Glotzer S C. Dynamic entropy as a measure of caging and persistent particle motion in supercooled liquids. Phys. Rev. E, 1999, 60: 5714-5724.

[41]　Bell I H, Messerly R, Thol M, et al. Modified entropy scaling of the transport properties of the Lennard-Jones fluid. J. Phys. Chem. B, 2019, 123(29): 6345-6363.

[42]　Dahanayake J N, Mitchell-Koch K R. Entropy connects water structure and dynamics in protein hydration layer. PCCP, 2018, 20(21): 14765-14777.

[43]　Marino R, Eichhorn R, Aurell E. Entropy production of a Brownian ellipsoid in the overdamped limit. Phys. Rev. E, 2016, 93(1): 012132.

[44]　Gallo P, Rovere M. Relation between the two-body entropy and the relaxation time in supercooled water. Phys. Rev. E, 2015, 91(1): 012107.

[45]　Pieprzyk S, Heyes D M, Brańka A C. Thermodynamic properties and entropy scaling law for diffusivity in soft spheres. Phys. Rev. E, 2014, 90(1): 012106.

[46]　Voyiatzis E, Mueller-Plathe F, Boehm M C. Do transport properties of entangled linear polymers scale with excess entropy? Macromolecules, 2013, 46(21): 8710-8723.

[47]　Liu Y, Fu J, Wu J. Excess-entropy scaling for gas diffusivity in nanoporous materials. Langmuir, 2013, 29(42): 12997-13002.

[48]　Fomin Y D, Ryzhov V N, Gribova N V. Breakdown of excess entropy scaling for systems with thermodynamic anomalies. Phys. Rev. E, 2010, 81(6): 061201.

第3章 界面胶体间的流体力学相互作用

胶体颗粒除了彼此之间的热力学相互作用力，还要受到彼此间的流体力学相互作用。当颗粒在液体中运动时，由于液体具有黏滞性，颗粒的动量会扩散到液体当中。一个胶体颗粒的运动会引起其周围液体运动，此流场向周围液体依次传递。附近的胶体颗粒感受到此流场后会响应此流场的运动 [1,2]。一般情况下固体胶体颗粒和液体之间的非滑移边界条件总是成立。对于胶体颗粒这样的低雷诺数下的体系，这种响应基本可以看作是瞬时完成。这种通过液体流场的传递，胶体颗粒之间彼此相互影响的机制称为流体力学相互作用。流体力学相互作用的强度依赖于液体的性质 (黏度) 以及空间维数。液体的黏度越高，液体中产生同样的速度梯度就对应于更大的剪切力。因此同等条件 (如相同剪切力) 下，黏度越大的液体，速度梯度越小，则动量扩散的效率越高，在一般情况下高黏度对应于流体力学相互作用的强度越大 (在更复杂的非牛顿流体中，液体的黏度和液体剪切速率相关：剪切变稀或剪切变稠)。液体的空间维数同样也会影响流体力学相互作用的形式。可以把液体流线的图像对比于静电作用中电力线的图像：可知在不同空间维数下，流线 (电力线) 密度随距离的衰减服从不同的规律。三维空间中流体力学的相互作用强度随距离的衰减相当于对距离平方反比律的一次空间积分，因此对应于 $1/r$ 的衰减规律。二维空间中流体力学的相互作用强度随距离的衰减相当于对距离一次方反比律的一次空间积分，因此对应于 $-\ln(r)$ 的衰减规律。而对于液体界面的胶体颗粒，胶体颗粒的运动被限制在准二维平面上，而颗粒运动引起的液体流场在界面流体层和半无限的三维液体空间中同时扩散。则此时颗粒间的流体力学相互作用不同于纯三维和纯二维的规律。

本章首先简单介绍流体力学相互作用的基本图像和概念，然后介绍界面胶体颗粒在测量流体力学相互作用上的一些实际情况：作为示踪颗粒研究连续膜的动力学性质，以及界面附近胶体颗粒单层内的流体力学相互作用。同时也介绍这个过程中的主要测量方法 —— 胶体的互关联扩散 (cross-correlated diffusion) 和数据无量纲归一化的方法。

3.1 Ossen 张量：速度对力的响应系数

本节我们讨论胶体颗粒周围流体的变化问题。在布朗时间尺度下 (即扩散时间 $\tau_D \gg m/\gamma$，其中 m 为胶体小球的质量，$\gamma = 6\pi\eta a$ 为摩擦系数)，对于小雷诺数流

体，纳维–斯托克斯方程可写成

$$\nabla p - \eta \nabla^2 \vec{u} = \vec{F} \tag{3.1}$$

式中，$\vec{u}$ 为流体微团的速度；η 为流体的黏度；p 为压强；$\vec{F}$ 是胶体颗粒施于流体上的力。方程 (3.1) 连同不可压缩方程 $\nabla \cdot \vec{u} = 0$ 被称为 "蠕动流" 方程 [3]。"蠕动" 指的是在流体速度不大的时候雷诺数很小。方程 (3.1) 表示对于小雷诺数流体在布朗尺度下惯性效应可以忽略。

作用在流体一个点上的外力在数学上可用 delta 函数表示：

$$\vec{F}(\vec{r}) = \vec{F}_0 \delta(\vec{r} - \vec{r}') \tag{3.2}$$

因为蠕动流方程是线性的，所以，因 $\vec{r}'$ 处的点力而在某点 $\vec{r}$ 处产生的流速度和点力有如下关系：

$$\vec{u}(\vec{r}) = \vec{T}(\vec{r} - \vec{r}') \cdot \vec{F}_0 \tag{3.3}$$

$\vec{r}'$ 处的点力和 $\vec{r}$ 处流速都为矢量，但是两者的方向并不总一致。为了描述这个机制，引入张量 $\vec{T}$ (即 Oseen 张量) 作为响应系数，它将 $\vec{r}'$ 处的点力和 $\vec{r}$ 处流速通过线性变换联系在了一起。同理，$\vec{r}$ 点处的压力也和点力呈线性关系：

$$p(\vec{r}) = \vec{g}(\vec{r} - \vec{r}') \cdot \vec{F}_0 \tag{3.4}$$

式中，$\vec{g}$ 为压力矢量。

若外力连续地分布在流体中，则 $\vec{r}$ 处的流速是施加在流体中各点的外力在 $\vec{r}$ 点产生的流速的取和 (积分)，即

$$\vec{u}(\vec{r}) = \int \vec{T}(\vec{r} - \vec{r}') \cdot \vec{F}_0 \mathrm{d}\vec{r}' \tag{3.5}$$

对于压力同样有

$$p(\vec{r}) = \int \vec{g}(\vec{r} - \vec{r}') \cdot \vec{F}_0 \mathrm{d}\vec{r}' \tag{3.6}$$

Oseen 张量和压力矢量分别是蠕动流方程关于流速和压力的格林函数。如果知道了这两个格林函数，通过式 (3.5) 和 (3.6) 的积分便得到了流体中各处的流速和压力。算出格林函数也就相当于解了蠕动流方程。

此处公式 (3.3) 中用张量表示系数 $\vec{T}$，在一些特定情况下 $\vec{T}$ 可以退化为更简单的情况：如在各向同性简单流体情况下，$\vec{r}'$ 处力的方向与 $\vec{r}'$ 和 $\vec{r}$ 的连线方向相同，则张量系数 $\vec{T}$ 中的非对角元都将退化为零。如果 $\vec{r}'$ 和 $\vec{r}$ 为空间相同一点，则对于此处的示踪颗粒球，公式 (3.3) 将进一步退化为斯托克斯力 (Stokes force) 的公式 $\vec{F}_p^h = -6\pi \eta a \vec{v}_p$。

将式 (3.5) 和 (3.6) 代入蠕动流方程可得

$$\nabla \cdot \vec{T}(\vec{r}) = 0 \tag{3.7}$$

$$\nabla \vec{g}(\vec{r}) - \eta \nabla^2 \vec{T} = \hat{I} \delta(\vec{r}) \tag{3.8}$$

式中，$\hat{I}$ 是 3×3 维的单位张量，$\delta(\vec{r}) = -\dfrac{1}{4\pi}\nabla^2\dfrac{1}{r}$。解方程 (3.7) 和 (3.8) 得 [2]

$$\vec{g}(\vec{r}) = -\frac{1}{4\pi}\nabla\frac{1}{r} = \frac{1}{4\pi}\frac{\vec{r}}{r^3} \tag{3.9}$$

$$\vec{T}(\vec{r}) = \frac{1}{8\pi\eta r}\left[\hat{I} + \frac{\vec{r}\vec{r}}{r^2}\right] \tag{3.10}$$

在计算扩散矩阵时，这两个函数，特别是 Oseen 张量非常关键。

考虑一个速度为 $\vec{v}$ 的胶体球在静态的三维自由空间中，采用 Oseen 张量可算出其在任一点 $\vec{r}$ (以球的中心为坐标原点) 处产生的流体速度为

$$\vec{u}(\vec{r}) = \left\{\frac{3}{4}\frac{a}{r}\left[\hat{I} + \frac{\vec{r}\vec{r}}{r^2}\right] + \frac{1}{4}\left(\frac{a}{r}\right)^3\left[\hat{I} - 3\frac{\vec{r}\vec{r}}{r^2}\right]\right\} \cdot \vec{v} \tag{3.11}$$

若将一个胶体颗粒球放入流速为 $\vec{u}_0$ 的流体中，Faxen 定理给出了胶体颗粒球的平动速度：

$$\vec{v}_{\mathrm{p}} = -\frac{1}{6\pi\eta a}\vec{F}_{\mathrm{p}}^{\mathrm{h}} + \vec{u}_0(\vec{r}_{\mathrm{p}}) + \frac{1}{6}a^2\nabla_{\mathrm{p}}^2\vec{u}_0(\vec{r}_{\mathrm{p}}) \tag{3.12}$$

式中，$\vec{F}_{\mathrm{p}}^{\mathrm{h}}$ 表示流体施于胶体球上的力。在 $\vec{u}_0 \equiv 0$ 的情况下，式 (3.12) 回到了斯托克斯力公式 $\vec{F}_{\mathrm{p}}^{\mathrm{h}} = -6\pi\eta a\vec{v}_{\mathrm{p}}$。

以上考虑的都是单颗粒的情况，流体力学相互作用研究的是两个以上的多颗粒问题。当颗粒间距很大时，颗粒可以看作一个点。流体施加在第 i 个颗粒上的力 $\vec{F}_i^{\mathrm{h}}$ 及第 j 个胶体颗粒的速度 $\vec{v}_j$ 可以通过扩散矩阵 $\vec{D}_{ij}$ 联系起来

$$\begin{pmatrix} \vec{v}_1 \\ \vec{v}_2 \\ \vdots \\ \vec{v}_N \end{pmatrix} = -\beta \begin{pmatrix} \vec{D}_{11} & \vec{D}_{12} & \dots & \vec{D}_{1N} \\ \vec{D}_{21} & \vec{D}_{22} & \dots & \vec{D}_{2N} \\ \vdots & \vdots & & \vdots \\ \vec{D}_{N1} & \vec{D}_{N2} & \dots & \vec{D}_{NN} \end{pmatrix} \begin{pmatrix} \vec{F}_1^{\mathrm{h}} \\ \vec{F}_2^{\mathrm{h}} \\ \vdots \\ \vec{F}_N^{\mathrm{h}} \end{pmatrix} \tag{3.13}$$

式中，N 为系统中的颗粒总数，$\beta = 1/(k_{\mathrm{B}}T)$。公式 (3.13) 适用于布朗时间尺度下的小雷诺数胶体系统。第 i 个颗粒的速度可写为

$$\vec{v}_i = -\frac{1}{6\pi\eta a}\vec{F}_i^{\mathrm{h}} - \sum_{j\neq i}^N \vec{T}(\vec{r}_i - \vec{r}_j) \cdot \vec{F}_j^{\mathrm{h}} \tag{3.14}$$

比较式 (3.13) 可得

$$
\begin{aligned}
\vec{D}_{ii} &= D_0 \hat{I} \\
\vec{D}_{ij} &= k_{\mathrm{B}} T \vec{T} (\vec{r}_i - \vec{r}_j) = \frac{3}{4} D_0 \frac{a}{r_{ij}} \left[\hat{I} + \hat{r}_{ij} \hat{r}_{ij} \right], \quad i \neq j
\end{aligned}
\tag{3.15}
$$

式中，$r_{ij} = |\vec{r}_i - \vec{r}_j|$ 为颗粒 i 和颗粒 j 之间的距离；$\hat{r}_{ij} = \vec{r}_{ij}/r_{ij}$ 为单位矢量；Stokes-Einstein 扩散系数 $D_0 = k_{\mathrm{B}} T/(6\pi\eta a)$。

3.2 胶体颗粒的互关联扩散和耦合扩散

胶体颗粒在液体中运动会产生一个流场进而影响其周围颗粒的运动。颗粒间通过流场相互影响彼此的运动行为，这种关联运动被称为互关联运动。为描述这种互关联的强弱，可以定义一个互关联运动张量 [4,5]：

$$
C_{xy}(s, \tau) = \langle \Delta s_x^i(t, \tau) \Delta s_y^j(t, \tau) \delta(s - r^{i,j}(t)) \rangle_{i \neq j, t}
\tag{3.16}
$$

式中，i, j 表示不同的颗粒；x, y 代表不同的坐标 (α, β)；$r^{i,j}$ 表示颗粒 i 与 j 之间的距离。颗粒的位移 $\Delta s_x(t, \tau) = s_x(t + \tau) - s_x(t)$，$t$ 为绝对时间，τ 为观测的时间间隔长度。括号 $\langle \ \rangle_{i \neq j, t}$ 表示取系综平均，在实际实验中通过对不同的颗粒在各个时间得到的测量结果取平均来得到。在双颗粒系统中这种空间对称性破缺的条件下，我们可以很自然地选取两颗粒质心连线方向 (径向，用下标 r 表示) 和垂直两颗粒质心连线方向 (横向，用下标 θ 表示) 为两个空间正交方向。所以 C_{rr} 表示两颗粒质心连线方向 (径向) 上各自位移分量的乘积所计算得到的互关联运动量，$C_{\theta\theta}$ 表示垂直两颗粒质心连线方向 (横向) 上各自的位移分量的乘积所计算得到的互关联运动量。如图 3.1 所示，相距为 r 的 $C_{rr} = \langle \Delta s_r^i(\tau) \Delta s_r^j(\tau) \rangle$ 表示两颗粒间径向互关联运动量。可以想象：若两个颗粒相距无穷远而彼此独立运动，则对于给定的 τ 时间间隔内，i 颗粒的每一个确定的位移 $\Delta s_r^i(t, \tau)$ 所对应的 j 颗粒的位移平均值 $\langle \Delta s_r^j(t, \tau) \rangle_t$ 都为零。因此有 $\langle \Delta s_r^i(t, \tau) \Delta s_r^j(t, \tau) \rangle_t = \langle \Delta s_r^i(t, \tau) \langle \Delta s_r^j(t, \tau) \rangle \rangle_{\Delta s^i}$ (下标 Δs^i 表示对所有可能的 Δs^i 取平均)。对于独立运动颗粒总有 $\langle \Delta s_r^j(t, \tau) \rangle_t = 0$，因此在距离 r 为无穷远处有 $C_{rr} = \langle \Delta s_r^i(t, \tau) \Delta s_r^j(t, \tau) \rangle_t = 0$。在另一个极限下，当两个颗粒彼此接触时，由于空间排斥效应和非滑移边界条件，i 颗粒的径向位移将引起 j 颗粒同样的位移，有 $\Delta s_r^i(t, \tau) = \Delta s_r^j(t, \tau)$。两个相同粒子之间的互关联扩散将退回到单个粒子的自扩散位移，此时两个颗粒之间流体力学相互作用最强，有最大的互关联 C 值。在距离 r 处于中间状态下，颗粒 j 位移对颗粒 i 位移的响应介于以上两个极限之间。互关联 C 的数值随颗粒间距 r 改变而连续变化。两个颗粒距离越大，颗粒 j 位移受颗粒 i 位移的影响越小，从而更趋向于独立运动。使

得 $\langle \Delta s_x^i(t,\tau) \langle \Delta s_y^j(t,\tau)\rangle_t \rangle_{\Delta s^i}$ 中 $\langle \Delta s_y^j(t,\tau)\rangle_t$ 项的数值越趋近于零，则颗粒间的关联就越弱。因此作为颗粒间距离的函数 C 的大小可以很好地反映颗粒间关联的强弱。在横向上也有和上面类似的图像。以上是关于 $C_{xy}(s,\tau)$ 张量对角元元素性质的讨论。一般来说对于各相均匀的简单流体，非对角元素总为零。这是因为颗粒 i 的每一个确定的径向位移 $\Delta s_r^i(t,\tau)$ 所对应的颗粒 j 的全部横向位移 $\Delta s_\theta^j(t,\tau)$ 总有 $\langle \Delta s_\theta^j(t,\tau)\rangle = 0$，这个结果与颗粒间距 r 无关，是系统空间对称性的后果。因此在测量互关联运动张量 $C_{xy}(s,\tau)$ 时，通常只需考虑对角元 C_{rr} 和 $C_{\theta\theta}$。对颗粒间运动互关联的测量是研究颗粒间流体力学相互作用的基本方法，因而被广泛使用 [6-11]。

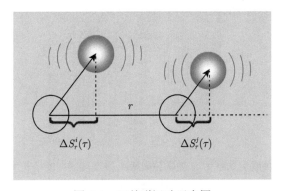

图 3.1　互关联运动示意图

相距为 r 的两颗粒从原始位置移到新位置，其径向互关联运动量 $C_{rr} = \langle \Delta s_r^i(\tau) \Delta s_r^j(\tau)\rangle$。一般说来颗粒移动的位移要远小于颗粒间距，为了容易识别，图上夸大了两者的比例

互关联运动源于流体力学相互作用，运动的颗粒将动量通过流体传给其周围的颗粒进而引起周围颗粒的运动。因此，通过测量颗粒间的互关联运动量 C 便可知液体的流体力学性质。互关联运动量 C_{rr} 和 $C_{\theta\theta}$ 既是颗粒间距 r 的函数，同时也是观测时间间隔 τ 的函数。在 τ 很小的情况下，C_{rr} 和 $C_{\theta\theta}$ 与观测时间间隔 τ 成正比。

如图 3.2 所示，当给定空间距离 r 时，两个颗粒之间的互关联 C_{rr} 随观测时间间隔长度 τ 线性增长。因此当给定空间距离 r 时，我们可以定义径向的互关联扩散系数等于互关联 C_{rr} 随时间间隔 τ 的增长率。为了与单颗粒扩散系数相对比，可以定义径向互关联扩散系数为 $D_\parallel = C_{rr}/(2\tau)$，横向互关联扩散系数 $D_\perp = C_{\theta\theta}/(2\tau)$。互关联扩散的一个主要应用是可用于对黏弹流体的研究 [12-18]。在牛顿流体中互关联扩散系数是颗粒间距离 r 的函数；而对于非牛顿流体，互关联扩散系数还同时是剪切频率的函数。互关联扩散系数测量和单颗粒测量相比不同：后者是局域环境的测量，而前者是非局域空间的测量，包含长波平均之后的结果。这一点在很多实验测量中都有重要的应用。比如对于非均匀的流体, 互关联扩散 (与单颗粒测量相比) 能够更准确地得到流体的微流变行为 (弹性模量 G' 和黏性模量 G'' 随频率的变化关系 [4,19])。对于均匀流体, 通过单颗粒扩散或互关联扩散得到弹性模量 G' 和黏性模量 G'' 基本相同。但对于非均匀流体, 由于笼效应 (cage effect) 的影响, 通过单颗粒扩散得到的弹性模量 G' 和黏性模量 G'' 与流变仪测量得到的结果相比有明显偏差; 而通过互关联扩散得到的弹性模量 G' 和黏性模量 G'' 与流变仪测量得到的结果更为一致。

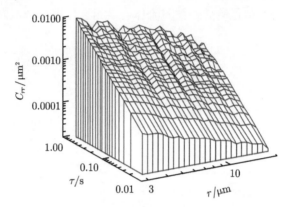

图 3.2　径向互关联运动量 C_{rr} 随颗粒间距 r 及观测时间间隔长度 τ 的变化关系

(出自参考文献 [4])

除了互关联扩散 (3.16), 另外一种经常用来刻画流体力学相互作用的测量是耦合扩散。耦合扩散指的是一对颗粒之间的整体扩散系数和相对扩散系数 $D_{\parallel}^{\mathrm{C,R}}$ 和 $D_{\perp}^{\mathrm{C,R}}$:

$$D_{\parallel}^{\mathrm{C,R}} = \frac{\left\langle [s_{\parallel,1} \pm s_{\parallel,2}]^2 \right\rangle_r}{4\tau} \tag{3.17}$$

$$D_{\perp}^{\mathrm{C,R}} = \frac{\left\langle [s_{\perp,1} \pm s_{\perp,2}]^2 \right\rangle_r}{4\tau} \tag{3.18}$$

上面公式中符号的下标 $\parallel$ 代表沿两颗粒质心连线方向 (径向); 下标 $\perp$ 代表沿垂直两颗粒质心连线方向 (横向)。下标 1, 2 代表颗粒 1 或颗粒 2。上标 C 代表整体对应于两颗粒的中心 (或质心) 运动情况 (collective); 上标 R 代表两颗粒的彼此相对 (relative) 运动情况; $\langle \; \rangle_r$ 代表对所有颗粒 1、2 间距为 r 时取平均。s 代表颗粒位移; τ 代表时间间隔。即 $s_{\parallel,1}$ 代表颗粒 1 在时间间隔 τ 内的径向位移。$s_{\perp,2}$ 代表颗粒 2 在时间间隔 τ 内的横向位移 (横向)。由以上可知, 在径向和横向两个方向上分别定义颗粒对的整体和相对扩散系数。一共四个, 比如 $D_{\parallel}^{\mathrm{C}}$ 代表两个颗粒质心 (C) 径向 ($\parallel$) 扩散系数, $D_{\perp}^{\mathrm{R}}$ 代表两个颗粒相对 (R) 横向 ($\perp$) 扩散系数。这一组扩散系数也同样可以描述两颗粒间的关联扩散行为。

从定义可知当两个颗粒相距无穷远，彼此没有运动关联时，四个 $D_{\parallel,\perp}^{\mathrm{C,R}}$ 都将回归单颗粒扩散系数。因此在测量比较中，经常比较的是 $\Delta \equiv D_{\parallel,\perp}^{\mathrm{C,R}} - D_0$ 的函数变化。这个 Δ 差值偏离零点的程度就代表颗粒间的关联强度。

这种相对运动关联的测量应用其实非常广泛。最早是在研究湍流运动中用以刻画湍流的复杂性。在湍流状态下，两颗粒间的 $\langle [s_{\parallel,1} - s_{\parallel,2}]^2 \rangle_r$ 不再是时间的线性函数，而是服从于类似

$$\langle [s_{\parallel,1} - s_{\parallel,2}]^2 \rangle_r \propto \tau^\alpha \tag{3.19}$$

或

$$\langle [s_{\perp,1} - s_{\perp,2}]^2 \rangle_r \propto \tau^\beta \tag{3.20}$$

其中 α、β 都是大于 1 的指数。不同的 α、β 数值代表不同的湍流状态。再后来这个图像被推广应用于更普遍的复杂非线性系统，比如研究两个初始状态点在相空间上随演化过程彼此远离的快慢来刻画一些混沌系统特征，类似的量如李雅普诺夫指数等。

这种耦合扩散和互关联扩散所包含的信息是完全一致的。在数学本质上它们其实是一回事，在一般的讨论中两者都会经常见到。

3.3 不同维数下流体力学相互作用

在三维自由空间中的胶体颗粒，其径向互关联扩散系数 $D_\parallel$ 和横向互关联扩散系数 $D_\perp$ 与颗粒间距 r 有如下关系 [1]：$D_\parallel \propto 1/r$，$D_\perp \propto 1/r$，并且 $D_\parallel = 2D_\perp$。也就是说，在三维自由空间中，流体力学相互作用随颗粒间距 r 在径向和横向都以幂律 r^{-1} 的形式衰减。这个与距离一次方成反比的幂指数衰减规律可以类比电介质中两个导体球间互电容倒数的结果 [19]。

对于二维流体体系中，Saffman 最早在理论上探究到理想情况下悬浮在三维液体中的黏性膜上与膜同高且半径为 a 的圆柱体作为示踪粒子的扩散行为 [20]。

黏性膜上示踪粒子的扩散系数为

$$D_{\mathrm{s}} = \frac{k_{\mathrm{B}}T}{4\pi\eta_{\mathrm{m}}} \left[\ln\left(\frac{\eta_{\mathrm{m}}}{\eta_{\mathrm{b}}a}\right) - \gamma \right] \tag{3.21}$$

式中，$\gamma = 0.58$ 为 Euler 常数；η_{m} 为膜的表面黏度；η_{b} 为膜附近流体的黏度；a 为球状蛋白的半径。

这个模型里所定义的最重要的一个物理量是 Saffman 长度 $\lambda_{\mathrm{S}} = \eta_{\mathrm{m}}/\eta_{\mathrm{b}}$。这个长度作为体系的特征长度刻画了流体力学作用的尺度，比如对于图 3.3 中的体系，其 Oseen 张量满足

$$\vec{T}(\vec{r}) = \frac{1}{4\pi\eta_{\mathrm{m}}} \left[-\ln\left(\frac{r}{\lambda_{\mathrm{S}}}\right) + \frac{\vec{r}\vec{r}}{r^2} \right] \tag{3.22}$$

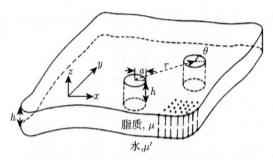

图 3.3　磷脂膜上圆柱体的扩散示意图 (出自参考文献 [20])

　　这里 λ_S 是作为距离的特征单位出现在公式中的, 如同在第 2 章的讨论。接下来要讨论的问题是在这样的体系中同时包含二维 (黏性膜) 和三维 (无限或半无限的周围流体), 其流体力学的特性是如何在二维和三维体系的行为特征之间相互过渡的。

3.4　连续模型下薄膜上的互关联扩散

　　当黏性膜上的示踪胶体颗粒尺寸远大于膜分子尺寸时, 对于示踪颗粒而言黏性膜可看作连续介质。胶体颗粒间的互关联运动可用以上两个普适的响应函数 $\tilde{D}_{\parallel}(r/\lambda_S)$ 和 $\tilde{D}_{\perp}(r/\lambda_S)$ 来描述。

　　参考 Saffman 理论, Oppenheimer 和 Diamant 给出了类似于三维 Oseen 张量的二维张量 [21]:

$$
\begin{aligned}
G(\vec{r}) = & \frac{1}{4\eta_m}\left[H_0(r/\lambda_S) - \frac{H_1(r/\lambda_S)}{r/\lambda_S} - \frac{1}{2}\left(Y_0(r/\lambda_S) - Y_2(r/\lambda_S)\right) + \frac{2}{\pi(r/\lambda_S)^2}\right]\hat{I} \\
& -\frac{1}{4\eta_m}\left[H_0(r/\lambda_S) - \frac{2H_1(r/\lambda_S)}{r/\lambda_S} + Y_2(r/\lambda_S) + \frac{4}{\pi(r/\lambda_S)^2}\right]\frac{\vec{r}\,\vec{r}}{r^2}
\end{aligned}
\tag{3.23}
$$

式中, Y_n 和 H_n 分别为 Bessel 和 Struve 函数。

　　由此, 算得径向 (沿两颗粒质心连线的方向) 和横向 (垂直两颗粒质心连线的方向) 的互关联扩散系数 $D_{\parallel}$ 和 $D_{\perp}$ 分别为 [21-23]

$$
D_{\parallel} = \frac{k_B T}{4\eta_m(r/\lambda_S)}\left[H_1(r/\lambda_S) - Y_1(r/\lambda_S) - \frac{2}{\pi(r/\lambda_S)}\right]
\tag{3.24}
$$

$$
D_{\perp} = \frac{k_B T}{4\eta_m}\left[H_0(r/\lambda_S) - \frac{H_1(r/\lambda_S)}{r/\lambda_S} - \frac{1}{2}\left(Y_0(r/\lambda_S) - Y_2(r/\lambda_S)\right) + \frac{2}{\pi(r/\lambda_S)^2}\right]
\tag{3.25}
$$

式中, r 为两颗粒间距。令

$$
\begin{aligned}
\tilde{D}_{\parallel,\perp} &= \tilde{D}_{\parallel,\perp}/D'_s \\
\beta &= r/\lambda_S
\end{aligned}
\tag{3.26}
$$

其中 $D_s' = k_B T / (4\pi\eta_m)$，则上式可写为如下两个普适函数：

$$\begin{aligned}
\tilde{D}_\parallel &= \left[\frac{\pi}{\beta} H_1(\beta) - \frac{2}{\beta^2} - \frac{\pi}{\beta} Y_1(\beta) \right] \\
\tilde{D}_\perp &= \left[\pi H_0(\beta) - \frac{\pi}{\beta} H_1(\beta) - \frac{\pi}{2} \left(Y_0(\beta) - Y_2(\beta) \right) + \frac{2}{\beta^2} \right]
\end{aligned} \tag{3.27}$$

当 $r \gg \lambda_S$ 时，式 (3.27) 中径向和横向互关联扩散系数可写成

$$\tilde{D}_\parallel \approx \frac{2}{\beta}, \quad \tilde{D}_\perp \approx \frac{2}{\beta^2} \tag{3.28}$$

由此可见在这个极限条件下颗粒间的流体力学相互作用趋近于三维环境中流体力学相互作用的形式。

当 $r \ll \lambda_S$ 时，式 (3.27) 中径向和横向互关联扩散系数可写成

$$\tilde{D}_{\parallel,\perp} \approx \left[-\ln(\beta) - \gamma \pm 1/2 + (1 \mp 1/3)\beta \right] \tag{3.29}$$

由此可见在这个极限条件下颗粒间的流体力学相互作用趋近于二维环境中流体力学相互作用的形式。

以上的讨论可以理解为膜上两个颗粒间的流体力学相互作用有两种途径：一种是通过膜本身传递，对应于颗粒的动量在二维空间 (膜) 中的扩散；另外一种是通过膜周围的流体传递，对应于颗粒的动量在三维空间 (周围流体) 中的扩散。这两种途径同时起作用，具体哪一种途径占优势，与颗粒的间距有关。而颗粒间距的长短是与 Saffman 特征长度 λ_S 相比较的。Saffman 特征长度 λ_S 的物理意义是当颗粒间距等于 Saffman 特征长度 λ_S 时，两种途径的流体力学相互作用贡献大小相仿。当两颗粒离得很远，即 $r \gg \lambda_S$ 时，动量主要是通过膜周围的流体传输，颗粒间的流体力学相互作用在径向和横向分别以 $1/\beta$ 和 $1/\beta^2$ 的形式衰减；当两颗粒离得很近即 $r \ll \lambda_S$ 时，动量主要是通过二维的膜传输，颗粒间的流体力学相互作用以对数的形式衰减 (来自公式 (3.29) 的贡献)。当 r 处在中间区时，动量的传输既有二维膜的贡献也有附近三维流体的贡献，互关联扩散系数随 r 的增大有一个从对数衰减到幂指数衰减的跨越过程 [24]。这实际上提供了一种在实验上估算表面黏度的测量方法。

3.5 连续模型下薄膜上示踪胶体颗粒的测量

Weeks 等在实验上通过连续膜的双粒子流变学的测量来估算表面黏度的方法 [25]：测量黏性膜上胶体颗粒的互关联扩散系数曲线；把表面黏度作为拟合参数使得不同表面黏度的黏性膜上测量到的互关联扩散系数曲线都服从同一条无量

纲归一化曲线，从而获得表面黏度的数值。实验中制备不同表面黏度黏性膜的方法很巧妙。他们在实验上制备的是人血清白蛋白 (human serum albumin) 水溶液，然后人血清白蛋白分子会自发从三维水相中慢慢扩散到水–气界面上。由于处在水–气界面上的人血清白蛋白分子会有效降低水–气界面的界面能，所以在水–气界面上会聚集越来越多的人血清白蛋白分子，从而形成血清白蛋白分子膜。聚集在水–气界面上的血清白蛋白分子同样在热运动作用下扩散回到水溶液中，最终达到一个动态的平衡，即从水溶液中扩散到水–气界面的血清白蛋白分子与反向扩散 (从水–气界面扩散到水溶液) 的分子数相等，水–气界面上血清白蛋白分子的密度不再增长，最后形成稳定的血清白蛋白分子膜 (膜的厚度在 3nm 左右)。水–气界面上和水溶液中的血清白蛋白分子密度差由血清白蛋白分子降低的水–气界面能数值所决定。其结果是水溶液中血清白蛋白分子的密度越高，聚集水–气界面上的血清白蛋白分子膜的密度也越高，其表面黏度也越大。实验选取的人血清白蛋白水溶液的浓度范围是 0.03~0.045mg/ml。这个设计的巧妙之处在于在这个浓度范围内，血清白蛋白分子水溶液的三维体黏度基本保持不变 (10mPa/s)，但不同浓度水溶液形成的血清白蛋白膜其表面黏度会相差数百倍以上。

实验以聚苯乙烯小球作为示踪胶体颗粒洒在水–气界面上，测量不同密度的血清白蛋白膜上示踪胶体颗粒的互扩散关联系数随颗粒间距的变化。

不同表面黏度下的血清白蛋白膜上的测量结果径向和横向互关联扩散系数曲线如图 3.4 所示。在低表面黏度下 (图 3.4(c))，曲线趋近于以颗粒间距的 1 次方 (或 2 次方) 反比的幂律变化。这表示当界面膜的黏度很小时，胶体颗粒互关联扩散对应的动量扩散主要在三维水溶液中完成。而在同样的实际空间距离范围内，高表面黏度下互关联扩散系数曲线变化缓慢得多 (图 3.4(a))。这样缓慢的变化来源于其服从对数的变化 (如果以幂律拟合，(a) 图中的曲线幂指数远小于 1)。这表示当界面膜的黏度很大时，胶体颗粒互关联扩散对应的动量扩散主要在二维的血清白蛋白膜上完成。

按照前面 3.4 节中的理论图像，当两个颗粒距离近的时候，测量结果对应于图 3.4(c) 的曲线变化；两个颗粒距离远的时候，测量结果对应于图 3.4(a) 的曲线变化。图 3.4 中的 (a)、(b)、(c) 三种情况都是在同样的空间距离范围内测得的，这说明实际物理空间上的远近并不是真正流体力学相互作用的远近。就是说 "μm, mm" 这些长度单位下的物理距离并不能真正反映两颗粒流体力学相互作用图像上距离的远近。Saffman 长度才是流体力学相互作用远近的合理长度单位：当谈到距离时，需要比较的不是两个颗粒相距多少微米，而是相距多少个 Saffman 长度。而不同表面黏度的蛋白膜所对应的 Saffman 长度不同。表面黏度大的蛋白膜其 Saffman 长度越长，因此即使是同样的物理距离，图 3.4(a) 中两颗粒间的等效流体力学相互作用距离 ($\beta = r/\lambda_S$) 要远大于图 3.4(c) 的两颗粒间的等效距离。如公式 (3.26) 中所示,把图 3.4 中的横轴用 Saffman 长度做单位长度进行无量纲化,同时纵轴用表面黏度对应的扩散系数做单位进行无量纲化,所有不同密度的表面黏度血清白蛋白膜的测量结果 (如图 3.4 的各条曲线) 都可以归一化为同一条曲线,如图 3.5 所示。

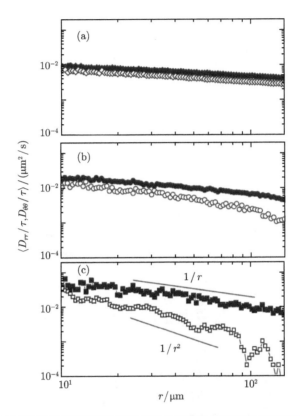

图 3.4 不同表面黏度下示踪颗粒的互关联扩散系数随两颗粒间距的变化关系图

从上到下 (a), (b), (c) 分别对应表面黏度为 340nPa·s·m,72nPa·s·m 和 21.3nPa·s·m。此图中径向互关联扩散的下标用 rr 表示,横向互关联扩散的下标用 $\theta\theta$ 表示 (出自参考文献 [25])

图 3.4(c) 中的曲线 (低表面黏度蛋白膜的测量结果) 落到了图 3.5 中普适曲线的右侧,代表此时颗粒有效间距更远,对应于公式 (3.28) 所描述的变化趋势。图 3.4(a) 中的曲线 (高表面黏度蛋白膜的测量结果) 落到了图 3.5 中普适曲线的左侧,代表此时颗粒有效间距更近,对应于公式 (3.29) 所描述的变化趋势。图 3.5 中的曲线表现出了随胶体颗粒间归一化距离 β 的增大,互关联扩散系数从对数衰减逐渐跨越到幂指数衰减的完整过程。当有效距离处在中间区时,互关联扩散系数对应于幂律变化 $1/\beta$ 和 $1/\beta^2$ 向对数变化的中间过程。

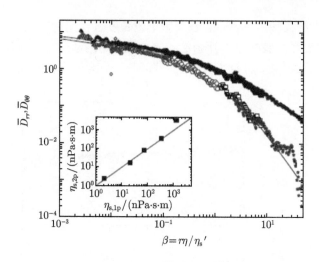

图 3.5 各个表面黏度下无量纲化后互关联扩散曲线图

横轴是 Saffman 长度归一化后的颗粒间距。图中的实线是用理论公式拟合所得，数据点为实验测得。主图
中上面的一条实心曲线符号表示径向测量结果，下面的曲线表示横向测量结果。插图是单粒子方法和双粒
子方法测得的表面黏度对比 (出自参考文献 [25])

3.6 水–气界面上的离散胶体颗粒单层

与连续膜上胶体颗粒系统相同，液体界面附近的胶体单层中颗粒间的流体力学相互作用也是通过界面附近流体的动量传递的，这个流体力学相互作用是通过三维体向流体传递的。另一个动量传递路径是通过胶体单层本身，这个流体力学相互作用是通过二维胶体颗粒层本身 (包括颗粒层中的流体) 传递的。和连续脂膜 (厚度为 1~5nm) 相比，胶体颗粒单层的厚度 (颗粒直径数量级) 以及特征长度 λ_S (1~10μm) 都要大 3 个数量级左右。并且颗粒层中的颗粒在空间上是离散的，颗粒间距、示踪颗粒大小、颗粒单层厚度以及体系的 Saffman 长度都是同一数量级。在这种情况下，胶体颗粒单层是否也可以用类似连续蛋白膜的表面黏度以及 Saffman 长度之类的特征量来刻画胶体颗粒单层的性质？对比三维胶体溶液的黏度 (其为胶体溶液中颗粒密度的函数)，胶体颗粒单层的表面黏度也应该是胶体单层内颗粒密度的函数，这个变化具体形式为何？

本节将通过水–气界面上由单分散玻璃球组成的胶体单层的互关联动力学行为的实验结果讨论以上问题。

如图 3.6 所示，在最小表面能的作用下，胶体颗粒部分浸没在水中。体系中表面能的贡献远大过重力势能的贡献，因此即使颗粒的密度比水的密度大一倍，界面上的颗粒也并不会继续下沉。同样，体系中表面能的贡献远大于热涨落能量 $k_B T$，因此颗粒在界面竖直方向上的涨落可以忽略不计。

图 3.6 处于水–气界面上的胶体颗粒单层

和血清白蛋白膜类似，实验上也制备了不同密度的胶体颗粒单层，测量各个胶体颗粒层内颗粒间的互关联扩散，结果如图 3.7 所示。

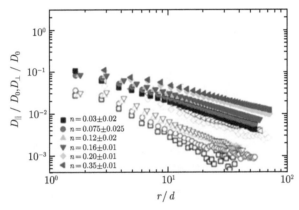

图 3.7 各种密度胶体颗粒单层的互关联扩散系数随颗粒间距变化的曲线图

横轴纵轴采用对数坐标。实心和空心符号分别对应径向和横向的互关联扩散系数曲线。每组曲线按位置排列，从下向上面积分数从 0.03 增大到 0.35 (出自参考文献 Chen W, Tan S S, Ng T K,et al. Long-ranged attraction between charged polystyrene spheres at aqueous interfaces. Phys. Rev. Lett., 2005,95(21): 218301.1-218301.4.)

图 3.7 中曲线的第一个特征是不同颗粒密度的互关联扩散并不相同，低颗粒密度单层的互关联系数的测量曲线落在高颗粒密度单层测量结果曲线的下方。这个结果说明在同样距离下，黏度高的环境中颗粒对的相关性更强。以黏性膜为对比，高密度的胶体颗粒单层相当于高表面黏度的黏性膜。另一个特征是低颗粒密度单层的互关联系数的测量曲线下降的斜率比高颗粒密度单层测量结果曲线要更陡峭。如果用 $1/r^\alpha$ 幂律拟合，当颗粒单层的面积分数从 0.35 变到 0.03 时，对应的幂律指数 α 从 0.67 变到 0.89。对比 3.5 节的讨论，这个密度区间落在从 $1/r$ 到对数之间的过渡区，其中低颗粒密度单层的互关联系数曲线更靠近 $1/r$ 的幂律变化区，高颗粒密度单层的互关联系数曲线更靠近对数变化区。这个结果和第一个特征的结

果相一致。

和之前讨论类似, 通过对横轴和纵轴的无量纲化处理 (只是需要重新以不同的特征单位做标度), 各种密度的胶体颗粒单层测量的互关联扩散曲线也可以有类似连续介质膜的归一化曲线。结果如图 3.8 所示。高密度的胶体颗粒单层的测量结果落在了普适曲线的左上角, 对应于更高的表面黏度和更强的互关联强度。低密度的同胶体颗粒单层的测量结果落在了普适曲线的右下角, 对应于低的表面黏度和弱的互关联强度。

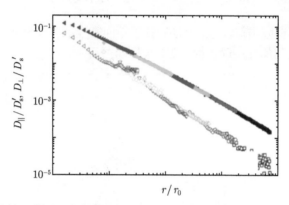

图 3.8　不同面积分数 n 样品对应的标度后的互扩散系数 $D_\parallel / D_s'$ (实心符号) 和 $D_\perp / D_s'$ (空心符号) 随颗粒间距 r/r_0 的变化关系

图中不同灰度的数据点表示其对应不同的面积分数 (引用文献同图 3.7)

但是与蛋白膜等连续介质膜很大的不同在于图 3.8 中所使用的无量纲化参数。此处如以纵轴使用的无量纲化参数单粒子扩散系数 $D_s(n)$ 作为互关联扩散系数的标度单位, 则无法将所有不同密度的测量结果归为同一条普适曲线。这说明在胶体颗粒单层体系中单粒子扩散系数 $D_s(n)$ 并不能精确地刻画由颗粒密度变化引起的动力学特性的改变。同样 Saffman 长度 λ_S 也不能作为颗粒间距的标度单位使所有不同密度的测量结果归为同一条普适曲线。事实上很容易理解, 胶体颗粒单层和蛋白膜明显多了一个特征长度: 颗粒的直径, 同时也是胶体颗粒单层厚度的尺寸 (在蛋白膜中, 膜的厚度相对示踪颗粒大小可以忽略不计, 两者相差三个数量级)。因此胶体颗粒单层中需要新的长度特征量, 这个特征量应同时包含 Saffman 长度和颗粒尺寸。

3.6.1　互关联扩散强度的归一化参数

根据 Fischer 等的计算, 胶体颗粒单层中单个颗粒的扩散系数可写为 [26,27]

$$D_s(n) = \frac{k_B T}{k^{(0)} \eta_b d / 2 + k^{(1)} \eta_s^{(1)}(n)} \tag{3.30}$$

式中, $k^{(0)}$ 和 $k^{(1)}$ 是无量纲常数, 其大小取决于颗粒的直径 d 及颗粒在界面的相对位置 z, 而与颗粒单层中的密度 (颗粒单层的面积分数) n 无关; $\eta_s^{(1)}(n)$ 是表面黏度, 此处的上标 (1) 表示表面黏度是通过单颗粒的测量方法得到的[4,19,28]。和三维胶体的体黏度性质类似, 对于二维的胶体颗粒单层, 随着 n 增大, 胶体单层的表面黏度 $\eta_s^{(1)}(n)$ 同样也会增大。

根据上式, 胶体单层中颗粒的扩散系数可以写为

$$\frac{1}{D_s(n)} = \frac{1}{D_s'(n)} + \frac{1}{D_s(0)} \tag{3.31}$$

$$D_s(0) = k_B T / \left(k^{(0)} \eta_b d/2 \right) \tag{3.32}$$

$$D_s'(n) = k_B T / [k^{(1)} \eta_s^{(1)}(n)] \tag{3.33}$$

式中, $D_s(0)$ 是极限稀疏时的扩散系数。$D_s(0)$ 与颗粒密度无关, 刻画的是单个颗粒在界面附近的动力学性质。两项当中只有 $D_s'(n)$ 是颗粒密度 n 作用的结果。只有它所描述的有效扩散系数中包含了来自多个颗粒间的流体力学相互作用所引起的有效黏度变化。因此在对颗粒间互关联扩散系数做不同密度变化的归一化时, 应该是以 $D_s'(n)$ 作为有效的归一化参数, 而非 $D_s(n)$。因为 $D_s(n)$ 中还包含与密度无关的 $D_s(0)$ 项。因此图 3.8 中的纵轴采用 $D_s'(n)$ 作为无量纲化参数得到整条归一化曲线。

3.6.2 无量纲系数 $k^{(0)}$ 和 $k^{(1)}$

根据方程 (3.32) 和 (3.33) 中 $k^{(0)}$ 和 $k^{(1)}$ 都是颗粒处于界面位置的函数[26], 给出了当颗粒处于两相液体界面处时, $k^{(0)}$ 和 $k^{(1)}$ 与颗粒界面位置 z 的关系。

$$k^{(0)} \approx 6\pi \sqrt{\tanh\left(\frac{32(z/a+2)}{9\pi^2}\right)} \tag{3.34}$$

$$k^{(1)} \approx \begin{cases} -4\ln\left(\frac{2}{\pi}\arctan\left(\frac{2}{3}\right)\right)\left(\dfrac{a^{3/2}}{(z+3a)^{3/2}}\right), & z > 0 \\ -4\ln\left(\frac{2}{\pi}\arctan\left(\frac{z+2a}{3a}\right)\right), & z < 0 \end{cases} \tag{3.35}$$

式中, a 是颗粒的半径; z 是颗粒距界面的距离, 当颗粒的顶端与界面接触时 $z = 0$, 当颗粒的底端与界面接触时 $z = -2a$。可见 $k^{(0)}$ 和 $k^{(1)}$ 都只是颗粒尺寸和颗粒在液体界面上位置的函数。图 3.9 给出了公式 (3.34)、(3.35) 的数值计算结果。对于不同尺寸的胶体颗粒或者不同表面化学性质的颗粒, $k^{(0)}$ 和 $k^{(1)}$ 等数值不同。

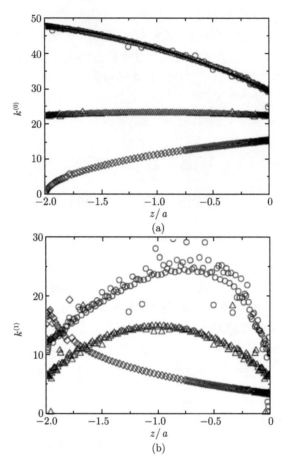

图 3.9　不同黏度两相液体界面上胶体颗粒的 $k^{(0)}$、$k^{(1)}$ 随颗粒在界面位置 z 的变化曲线，
(a) 表示 $k^{(0)}$；(b) 表示 $k^{(1)}$。从上到下的三条曲线分别代表两相的表面黏度由高到低 (出自参考文献 [27])

3.6.3　胶体单层颗粒间距的归一化参数

当图 3.8 中的互关联扩散曲线采用 $D_s'(n)$ 作为纵轴无量纲化标度参数时，再选取合适的无量纲参数 r_0 对横轴重新标度可得到归一化曲线。但是仔细研究发现 r_0 并不等于 Saffman 长度。这是因为如果把 r_0 看作 Saffman 长度 λ_S，根据 λ_0 定义公式所得到的表面黏度的数值与单颗粒测量表面黏度的结果相比有很大差异，如图 3.10。

对于同一个胶体单层，$\eta^{(1)}$ 和 $\eta^{(2)}$ 只是用不同方法测量出来的表面黏度。对于密度不太高的颗粒单层，两者的数值应当相等 (在图上应该为一条穿过原点斜率为 1 的直线)。但是从结果可见两者差距甚大，甚至呈现的是非线性关系。对这个数据点做分析发现，两者服从 $\eta^{(2)} \sim [\eta^{(1)}]^{3/2}$ 次方的关系。因此 $r_0 = \lambda_0$ 的设定不能成立。如果从已知 $\eta^{(1)} = \eta^{(2)}$ 的关系出发，图 3.10 中 3/2 幂律变化事实上是来自于 r_0 和 Saffman 长度 λ_S 之间真正的关系。经过仔细研究发现两者应服从以下关系：

$$r_0 = a \left(\frac{\lambda_S}{a} \right)^{3/2} \tag{3.36}$$

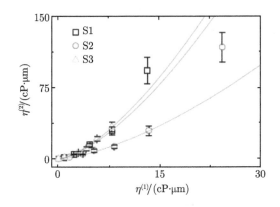

图 3.10　根据假设 $r_0 = \lambda_S$，对于不同大小胶体颗粒所计算出的表面黏度的对比

横轴 $\eta^{(1)}$ 代表单颗粒测量得到的表面黏度，纵轴 $\eta^{(2)}$ 是双颗粒测量得到表面黏度。图中不同的符号 S1、S2、S3 对应三种胶体颗粒的测量结果 (出自参考文献 Zhang W, Li N, Bohinc K, et al. Universal scaling of correlated diffusion in colloidal monolayers. Phys. Rev. Lett. , 2013,111（16）: 168304.)

公式 (3.36) 包含颗粒尺寸是有道理的。对比蛋白膜，其组成分子的尺寸和 Saffman 长度相比差 3~5 个数量级。因此对蛋白膜这类连续介质膜，其标度长度就是 Saffman 长度 (公式 (3.26))。但是组成胶体单层的颗粒尺度与 Saffman 长度的数量级可以相比拟，因此胶体单层的标度长度 r_0 同时包含颗粒尺度与 Saffman 长度两个系统特征长度。公式中的 3/2 幂律关系由胶体颗粒体系的特征空间维数决定。

以公式 (3.36) 中的 r_0 作为胶体单层中颗粒间距的单位长度，则可以从图 3.8 的归一化处理过程中得到合适的 r_0。根据 (3.33) 计算胶体颗粒单层的表面黏度。

$$r_0 = a \left(\frac{\eta^{(2)}}{\eta_b a} \right)^{3/2} \tag{3.37}$$

其中，$\eta^{(2)}$ 为胶体颗粒单层的表面黏度，此处的上标 (2) 表示表面黏度是通过双颗粒微流变的测量方法得到的 [19,28]。与单颗粒测量得到的结果相比如图 3.11 所示，两者完全符合。只有在 n 很大的时候，两者开始出现偏差 (如同理论预言的一样)。

从以上方法可以得到胶体颗粒单层的表面黏度，如图 3.12 可见二维胶体单层的表面黏度随颗粒密度变化与三维胶体体系类似，也服从幂律变化。图 3.12 中的

$\eta^{(2)}(n)$ 数据点很好地服从如下 Krieger-Dougherty 公式 (图中的实线是拟合结果):

$$\eta^{(2)}(n) = \eta^{(0)} \left[\left(1 - \frac{n}{n_{\mathrm{m}}} \right)^{-[\eta]n_{\mathrm{m}}} - 1 \right] \tag{3.38}$$

式中 $\eta^{(0)} = \eta_{\mathrm{b}} a k^{(0)} / k^{(1)}$, 表征单个颗粒在稀疏极限下感受到的表面黏度; n_{m} 是胶体颗粒单层最大的面积分数, $n_{\mathrm{m}} = 0.84 \cdot (d/(d + \lambda_{\mathrm{D}}))^2$; λ_{D} 是水溶液的德拜屏蔽长度; $[\eta]$ 是本征黏度, 是上面公式的拟合图 3.12 中曲线唯一的拟合参数。所得的

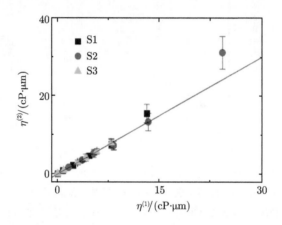

图 3.11　根据公式 (3.32) 和 (3.36), 对于不同大小的胶体颗粒所计算出的表面黏度的对比
横轴 $\eta^{(1)}$ 代表单颗粒测量得到的表面黏度, 纵轴 $\eta^{(2)}$ 是双颗粒测量得到的表面黏度。图中不同的符号
S1、S2、S3 对应三种胶体颗粒的测量结果 (引用文献同图 3.10)

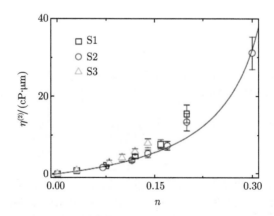

图 3.12　水–气界面上胶体颗粒单层的表面黏度随颗粒密度 n 的变化
图中不同的符号 S1、S2、S3 对应三种胶体颗粒的测量结果。实线是用 Krieger-Dougherty 公式 (3.37)
对 S2 数据点的拟合结果 (出自图 3.10 引用文献的补充材料)

本征黏度 $[\eta]$ 依然是颗粒尺寸的函数。颗粒直径较大的胶体单层对应较小的本征黏度 $[\eta]$，说明无量纲的参数本征黏度 $[\eta]$ 中包含了颗粒尺寸的信息。

3.6.4 标度长度 r_0 的理解

考虑流体力学中两颗粒靠近时，两颗粒要排除中间液体，此时对应的挤压力 f_s 的相关理论可以解释文中给出的新标度长度 r_0。对于一般情况，f_s 的表达式为

$$f_s = \xi_\parallel(r)V_s \tag{3.39}$$

其中 f_s 是一个半径为 a 的球以速度 V_s 靠近另一个相距为 r 的球所感受到的力。两颗粒阻力系数 $\xi_\parallel(r)$ 和径向扩散系数通过 $D_\parallel(r) = k_B T/\xi_\parallel(r)$ 联系在了一起[29]。在 r 很小的情况下，通过润滑近似可以得到 $\xi_\parallel(\delta_{3D}) = (3/2)\pi\eta_b a(a/\delta_{3D})$，其中 δ_{3D} 是两颗粒在 3D 流体中的缝隙间距[30]。同样，两个半径为 a 的圆盘在厚度为 a 的膜 (表面黏度 $\eta_s = \eta_b a$) 上相互靠近时有 $\xi_\parallel(\delta_{2D}) = (3/2)\pi\eta_b a(a/\delta_{2D})^{3/2}$，其中 δ_{2D} 是两个圆盘之间的缝隙间距[31]。让两挤压力相等，也就是使 $\xi_\parallel(\delta_{3D}) = \xi_\parallel(\delta_{2D})$，可以得到 $\delta_{3D} = a(\delta_{2D}/a)^{3/2}$，该等式与方程 (3.36) 相同。

两颗粒间流体力学从三维到二维的映射相似，为理解观测到的胶体单层中互关联扩散的普适标度提供了一个重要途径。但液体界面上的胶体颗粒间的流体力学相互作用本质上是三维的，针对分子膜的连续流体力学理论可以扩展到胶体单层，在此情况下需要用三维情况下的标度长度 r_0 通过公式 (3.36) 替代二维情况下相应的标度长度 λ_S。

3.7 油–水界面附近的胶体颗粒单层

油–水界面附近的胶体颗粒单层是处于两相流体黏度比较接近 (相比于水–气界面) 的边界附近，界面附近的胶体颗粒单层同时受到界面两侧的不同黏度流体的影响[27,32–35]。实验上可以改变胶体颗粒单层到界面的距离，从而研究油–水界面对胶体单层中颗粒间流体力学相互作用的具体影响。实验上制备一个油–水两相体系，使得油相在下、水相在上。水相中的胶体颗粒在重力作用下自由沉降到油–水界面上方。由于颗粒的亲水属性，颗粒不会继续下沉到油相当中 (否则表面能的增加会远远超过重力势能的减小，使得体系的整体能量大大增加)。另外由于油的介电性小于水，因此当颗粒靠近油–水界面时，胶体颗粒表面上的电荷会在油相中激发出同号镜像电荷。在同号镜像电荷引起的库仑排斥力以及颗粒重力 (包括浮力) 的共同作用下，胶体颗粒最终会停留在油–水界面上方达到一个平衡位置，形成一个胶体颗粒单层，如图 3.13 所示。

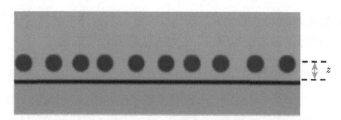

图 3.13　胶体颗粒沉降于油–水界面上方形成胶体单层示意图

　　根据这个机制，实验上可以调节胶体颗粒单层距离油–水界面的远近。实验上可使用胶体颗粒 PS 和 silica 两种颗粒样品。由于 PS 颗粒质量轻、带电量高，因此同号镜像电荷引起的库仑排斥力可以在相距更远的位置与重力抗衡，因此形成的 PS 胶体颗粒单层的平衡位置距离油–水界面较远。而 silica 颗粒质量高、带电量少，因此同号镜像电荷引起的库仑排斥力只能在很靠近的位置上才能与重力抗衡，所以形成的胶体颗粒单层的平衡位置距离界面较近 [27]。根据 Lee 等 [36,37] 的理论，从颗粒的中心到界面的距离 z 可以根据式 (3.40)，从油–水界面附近稀疏极限下单颗粒扩散系数 D_{s} 中得到

$$\frac{D_{\mathrm{s}}(0)}{D_0} = 1 + \frac{3}{16}\left(\frac{2\eta_{\mathrm{w}} - 3\eta_{\mathrm{o}}}{\eta_{\mathrm{w}} + \eta_{\mathrm{o}}}\right)\left(\frac{a}{z}\right) \tag{3.40}$$

式中，D_0 是胶体颗粒根据爱因斯坦关系得到的三维无限水相中单颗粒的自由扩散系数；a 是颗粒半径；η_{w} 和 η_{o} 分别是水相和油相的黏度。计算表明半径为 1μm 的 silica 胶体颗粒单层距油–水界面距离为 (1.5 ± 0.2)μm。半径为 1μm 的 PS 胶体颗粒单层距油–水界面距离为 (2.3 ± 0.5)μm。

　　与水–气界面不同，在油–水界面附近的胶体颗粒单层中测量到的互关联扩散曲线与颗粒面积分数无关。如图 3.14 所示，面积分数为 0.01~0.4 的各种结果都重合在一起。但是我们知道胶体颗粒单层的表面黏度一定是颗粒面积分数的函数。为什么测量出来的互关联强度与面积分数无关呢？对比 3.6 节水–气界面体系，可以看出最大的区别在于体系中的气相被油相所替代。气相的体黏度相对于水相可以忽略不计；但是油相的黏度要大得多，甚至远超过水相黏度。颗粒间流体力学相互作用中有多种途径。实验上测量到的互关联扩散是所有途径的总和。对于油–水界面而言，通过油相而传递的流体力学相互作用足够强，远大于通过胶体颗粒单层传递的相互作用。因此在直接测量结果中，不同面积分数引起的表面黏度的改变被更大的油相黏度的贡献淹没了。图 3.14 中使用的归一化参数 $D_{\mathrm{s}}(n)$ 主要受油黏度的影响。同样的情况也发生在油–水界面附近 silica 胶体颗粒单层上。

　　但是对比 PS 和 silica 胶体颗粒单层 (两者到油–水界面的距离不同)，可以发现清晰的差异，如图 3.15 所示。

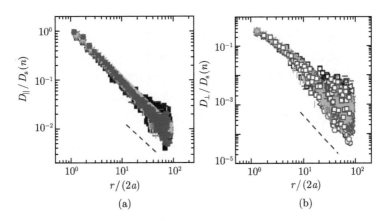

图 3.14 在油–水界面上方胶体单层中颗粒间互关联扩散系数随颗粒间距离的变化。实验用的胶体颗粒为 PS，半径 1μm。不同形状的数据点代表不同面积分数的胶体单层的测量结果。(a) 为径向的测量结果；(b) 为横向的测量结果 (出自参考文献 Li N, Zhang W, Chen W. Relationship between characteristic lengths and effective Saffman length in colloidal monolayers near a water-oil interface. Chin. Phys. B., 2019,28.)

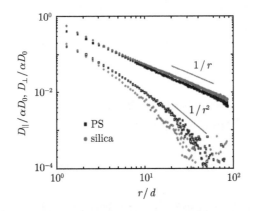

图 3.15 在油–水界面上方胶体单层中颗粒间互关联扩散系数随颗粒间距离的变化。方形符号为 PS 颗粒；圆形符号为 silica 颗粒。半径均为 1μm。上面两条曲线为径向的测量结果；下面两条曲线为横向的测量结果。图中纵轴的归一化系数 $\alpha D_0 = D_s(n)$ (出自参考文献 Zhang W, Chen S, Li N, et al. Universal scaling of correlated diffusion of colloidal particles near a liquid-liquid interface. Appl. Phys. Lett., 2013, 103(15): 331.)

可以看出在径向上，更靠近油–水界面的胶体单层 (silica) 中的颗粒间互关联扩散系数要高于较远离油–水界面的胶体单层 (PS)。但两者随距离的衰减率相同 (两线平行)。而在横向曲线上在 r 较小的区域，同样有前者的强度大于后者。但颗粒间距增大，明显前者的 $D_\perp(r)$ 衰减率大于后者，使得前者的数值小于后者 (两线交叉)。这说明靠近油–水界面的胶体单层径向颗粒间流体力学相互作用更强。因为前者距离黏度大的油相更近，更会受到油相的影响。

事实上我们可以使用水–气体系中的归一化方法处理油水体系中的数据，可以显示胶体单层的面积分数对颗粒间流体力学相互作用的影响。并且与水–气界面一样，分别使用公式 $r_0 = a(\lambda_S/a)^{2/3}$，可以得到重新处理的归一化普适曲线，如图 3.16，如之前所预计，密度低的胶体单层的测量结果处于普适曲线的右下角，密度高的胶体单层的测量曲线处于普适曲线的左上角。表示胶体颗粒单层的面积分数 (密度) 越大，胶体颗粒单层的表面黏度越高。同时对应的等效颗粒间距越近 (以体系的特征长度为单位)。

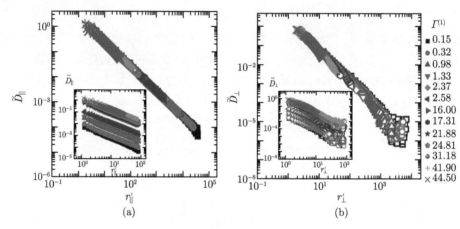

图 3.16　油–水界面上的胶体颗粒单层对应的互扩散系数 $\widetilde{D}_\parallel = D_\parallel/D'_s$ (实心符号) 和 $\widetilde{D}_\perp = D_\perp/D'_s$ (空心符号) 随颗粒间距 $r'_{\parallel,\perp}=r/r_0$ 的变化关系。不同符号代表不同的面积分数 n

3.8　胶体颗粒靠近固体壁的情况

水–气、油–水界面对于水平流场而言是连续边界 (也可以称之为软壁)：当流场传播到界面时，流体沿着界面切线方向的动量分量可以跨越界面继续传播，只是因为上下黏度不同，其周围的流场梯度将改变。而在界面法向上，由于表面张力，一般情况下，液体界面弯曲可以忽略，可以认为在法向方向上，流场在界面处被截断。与油–水界面和水–气界面这类软壁相比，有很大区别的一个体系是水–固界面。当胶体颗粒单层靠近一侧固体壁的时候，由于固体壁上非滑移边界条件，在切向和法向上都会截断流场，从而改变颗粒间的流体力学相互作用。两种情况下的界面附近流场分布如图 3.17 所示。

由于在硬壁上流体的流速迅速降为零，因此对于同样的界面附近颗粒而言，颗粒到界面之间的流场的速度梯度要比软壁大，颗粒感受到的流体黏性力增高。并且这个影响对于胶体颗粒单层和固体界面的间距 z 非常敏感。这类在固体边界附近的胶体体系，我们一般称为受限环境下的胶体体系。为了研究固体边界对胶体颗粒动力学的影响，精确地控制颗粒到界面的距离 z 是一个关键问题。一个办法是靠颗粒的自由沉降，然后计算颗粒的扩散系数 $D_s(0)$，通过公式 (3.40) 估算颗粒到界面的距离 z。但是由于垂直方向上的位置涨落，特别是对于质量较轻的颗粒，这种方法的测量误差可能较大，而且这种方法也不能控制颗粒到界面的距离 z。

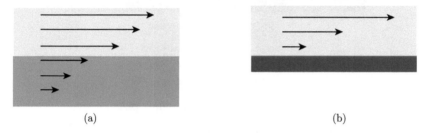

图 3.17 (a) 上下为不同流体的界面处 (软壁) 的水平流场；(b) 流体固体边界处 (硬壁) 的水平流场

一个能比较准确地控制胶体颗粒到界面的距离 z 的办法是使用光镊控制。如图 3.18，通过调节光势阱的梯度可以精确地控制胶体颗粒在平衡位置 z，以及在平衡位置的涨落幅度 a。也可以同时用两个光镊约束两个颗粒，改变两个颗粒间距 r 来研究受限环境下颗粒间的流体力学相互作用。

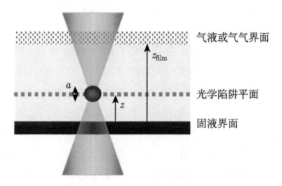

图 3.18 光镊控制胶体颗粒装置示意图 (出自参考文献 [37])

3.8.1 固体边界附近胶体颗粒的流体力学镜像

由于固体壁上的非滑移边界条件，固体壁上的流体流速都会认为等于零。一般处理非滑移边界处的流场问题可以采取类似电动力学中镜像电荷的办法：考虑如果流体充满全空间，对每一个胶体，在界面的另一侧都有一个假想流体力学镜像胶体颗粒 (图 3.19)。胶体颗粒和镜像胶体颗粒运动所引起的流场恰好在边界处相抵消。从唯一性原理可知，由镜像颗粒引起的流场贡献等价于壁的贡献。

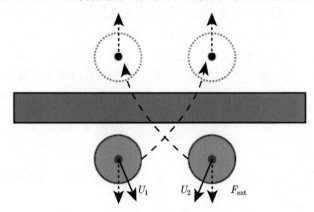

图 3.19　靠近单个固体壁的颗粒示意图

虚线的圆圈表示流体力学镜像。胶体颗粒距离固体界面高度为 h (出自参考文献 Squires T M, Brenner M P.Like-charge attraction and hydrodynamic interaction. Phys. Rev. Lett. , 2000,85: 4976-4979.)

可以想象，当颗粒间距 r 远小于颗粒层到固体壁的距离 z，即 $r \ll z$ 时，颗粒间的流体力学相互作用几乎不受固体壁的影响，随颗粒间距仍以 r^{-1} 的形式衰减。而当 $r \gg z$ 时，颗粒间的流体力学相互作用以 r^{-2} 的形式衰减，固体壁的影响很大。

一个有趣的现象是按照流体力学镜像颗粒的图像，固体壁附近的颗粒间流体力学相互作用会造成颗粒间的吸引力，即使这两个颗粒带同号电荷。如图 3.19 所示，颗粒在带电板附近，受到板向下静电排斥力 F_{ext} 而远离板，引起周围流体的流动，若满足流体速度在边界上速度为 0，则平板另一侧存在一个镜像颗粒 $1'$，颗粒 $1'$ 与颗粒 1 关于平板做镜像运动，即颗粒 $1'$ 也远离平板，且运动相同的距离，颗粒 $1'$ 在流体中也引起流体的流动，在平板边界上与颗粒 1 运动产生的流场相互抵消。颗粒 $1'$ 在颗粒 2 处产生的流场将颗粒 2 拉向颗粒 1。同理，根据对称性，颗粒 2 受到板的排斥远离板而产生的流场将颗粒 1 拉向颗粒 2，即两颗粒之间相互吸引，两颗粒受到的总作用力分别为 U_1、U_2。根据 DLVO 理论，两颗粒靠近时，胶粒的电双层结构重合。当颗粒间的屏蔽库仑排斥力大于流体力学相互作用时，颗粒间合力为排斥力；当颗粒间距增大时，如颗粒间的屏蔽库仑排斥力迅速减小，颗粒间流体力学相互作用大于颗粒间静电排斥力，颗粒间所受合力为相互吸引力。

3.8.2　固体壁附近的胶体耦合扩散

很多研究都在考察一侧固体壁如何影响胶体颗粒的扩散行为 [36,38−40]。典型地，如 Grier 等用光镊控制一对胶体在玻璃板附近，使得颗粒和固体壁之间的距离分别为 1.55μm 和 25.5μm，在这两种位置上测量颗粒间的耦合扩散以研究颗粒的流体力学相互作用[41]。

Grier 等的测量结果如图 3.20。

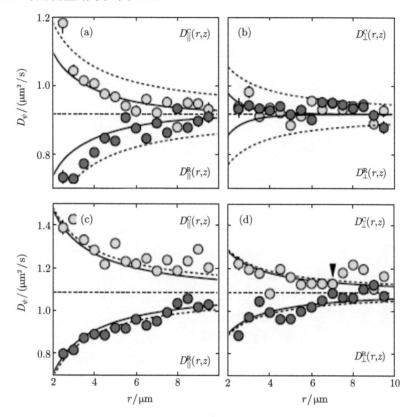

图 3.20 胶体的耦合扩散系数随颗粒距离 r 的变化曲线

(a) 和 (b) 对应 $z=(1.55\pm0.66)\mu m$；(c) 和 (d) 对应 $z=(25.5\pm0.7)\mu m$。胶体颗粒直径 1μm。实线是公式理论计算结果 (出自参考文献 [41])

可见当胶体颗粒与固体壁间距 z 减小时，颗粒间耦合扩散明显减小：图 (a)、(b) 中曲线的幅值明显小于图 (c)、(d) 中曲线的幅值。越靠近固体壁，颗粒间的互关联越小，说明颗粒的流场被附近的固体壁抑制，颗粒对彼此之间的影响随靠近固体壁而被迅速抑制。

对于一对空间自由的胶体颗粒球，理论上其耦合扩散系数满足

$$\frac{D_{\parallel}^{C,R}(r)}{2D_0} = 1 \pm \frac{3}{2}\frac{a}{r} + \zeta\left(\frac{a^3}{r^3}\right) \tag{3.41}$$

$$\frac{D_{\perp}^{C,R}(r)}{2D_0} = 1 \pm \frac{3}{4}\frac{a}{r} + \zeta\left(\frac{a^3}{r^3}\right) \tag{3.42}$$

式中，a 为颗粒半径；$\zeta(r)$ 项为高阶小量[16]。

考虑到受限环境按照上面所讲的流体力学镜像颗粒的处理办法，通过计算相应的格林函数，在单侧板附近可以得到

$$\frac{D_{\parallel}^{\mathrm{C,R}}(r,z)}{2D_0} = 1 - \frac{9}{16}\frac{a}{z} \pm \frac{3}{2}\frac{a}{r}\left[1 - \frac{1+\xi+\frac{3}{2}\xi^2}{(1+\xi)^{5/2}}\right] \tag{3.43}$$

$$\frac{D_{\perp}^{\mathrm{C,R}}(r,z)}{2D_0} = 1 - \frac{9}{16}\frac{a}{z} \pm \frac{3}{4}\frac{a}{r}\left[1 - \frac{1+\frac{3}{2}\xi}{(1+\xi)^{3/2}}\right] \tag{3.44}$$

其中 $\xi = 4z^2/r^2$。

把公式 (3.43) 和 (3.44) 的理论计算结果和实验结果图 3.20 相对比，可见实验和理论符合得非常好。理论上可见，界面距离 z 作为变量影响两个正交方向上耦合扩散系数的一阶系数相同，都为 9/16；而颗粒间距 r 作为变量影响两个正交方向上耦合扩散系数的一阶系数相差两倍，分别为 3/2 和 3/4 (这个性质继承自自由颗粒对的流体力学相互作用)。从图 3.20 中可见，整体耦合扩散系数 $D^{\mathrm{C}}(r,z)$ 和相对耦合扩散系数 $D^{\mathrm{R}}(r,z)$，在颗粒间距无穷远处 ($r \to \infty$) 都趋近 2 倍颗粒的扩散系数 D_{xy} (其大小在图中由水平虚线表示)。

同样对于受限于两壁之间的颗粒对的颗粒耦合扩散也会形成负相关，如图 3.21 所示。表现为两颗粒运动方向相反的反拖曳行为。另外 Cui 等发现无论是在横向

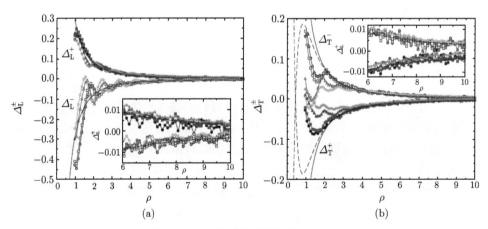

图 3.21　双板之间的颗粒耦合扩散

下标 L 代表径向，下标 T 代表横向。上标 + 号代表整体耦合扩散，上标 − 号代表相对耦合扩散。实线为公式 $y = ax^{-2}$ 的拟合结果 (出自参考文献 [42])

还是径向上, 两板之间的四个耦合扩散 $D_{\parallel}^{C,R}$ 和 $D_{\perp}^{C,R}$ 在颗粒等效距离较大时满足 $1/r^2$ 衰减, 并且在 r 较大的时候不受颗粒密度的影响 [42]。这和靠近单侧固体壁、水–气或油–水都不相同。

这是因为两板之间颗粒引起的流体运动会形成环形流场。因为环形流场的存在, 运动颗粒横向附近的其他颗粒被朝其运动相反的方向拖曳, 所以出现了负关联。图 3.22 为非受限和受限环境下流场的对比示意图。

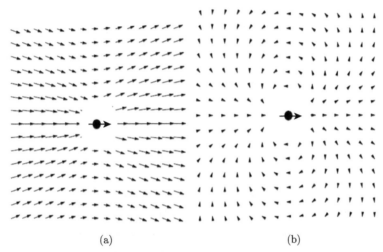

(a)   (b)

图 3.22　向右运动颗粒 (中心处带箭头的圆) 周围流体的流场对比示意图

(a) 非受限流体和 (b) 受限于两板之间的流体 (出自参考文献 [42])

当用光镊控制一对颗粒在单侧固体壁附近时, 要同时考虑颗粒之间的流体力学相互作用和光势阱的作用, 颗粒随机运动的朗之万方程 [43] 为

$$\frac{\mathrm{d}\vec{r}_n}{\mathrm{d}t} = \sum_{m=1}^{2} \vec{T}_{nm}(\vec{r}_n - \vec{r}_m)[-k\vec{r}_m + \Gamma_m(t)] \tag{3.45}$$

式中, Oseen 张量 $\vec{T}_{nn}(\vec{r}) = \dfrac{\hat{I}}{6\pi\eta r}$, $\vec{T}_{nm}(\vec{r}) = \dfrac{1}{8\pi\eta r}\left[\hat{I} + \dfrac{\vec{r}\vec{r}}{r^2}\right]$; k 为光势阱中简谐力的弹性系数; $\Gamma_m(t)$ 为白噪声涨落项。颗粒在光镊附近振动, 有 $\vec{r}_2 - \vec{r}_1 = \vec{E}$, $\vec{E}$ 为颗粒间平均间距。由方程 (3.45) 可解颗粒位置 r_i ($i = x, y, z$)。颗粒位置在时间轴上的互关联函数分别为

$$\langle r_{1,i}(t) r_{2,j}(0)\rangle = \delta_{ij}\frac{k_B T}{2k_i}(\mathrm{e}^{-(t(1+\varepsilon_i)/\tau_i)} - \mathrm{e}^{-(t(1-\varepsilon_i)/\tau_i)}) \tag{3.46}$$

式中, $\tau_i = \dfrac{6\pi\eta r}{k_i}, \varepsilon_{\parallel} = \dfrac{3a}{2E}, \varepsilon_{\perp} = \dfrac{3a}{4E}$。可见在固体壁附近, 颗粒互关联函数并非各

向同性。特别明显，公式 (3.46) 表明互关联曲线由两个相减的指数项构成，从两指数项的指数大小可以看出，前一项的衰减要快过后一项，互关联曲线为负值。实验测量的结果如图 3.23 所示，实验结果和理论符合完好。并且可以明显看出，颗粒越靠近固体壁，负相关的程度越深。

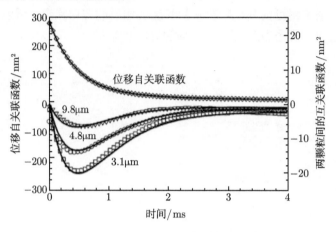

图 3.23   平行颗粒质心连线方向的径向关联函数

上面数据点是颗粒位移自关联函数，拟合线为双指数拟合函数公式。下面三组数据是两颗粒间的互关联函数，颗粒间距分别为 9.8μm、4.8μm、3.1μm，实线为公式拟合结果 (出自参考文献 [11])

通过对公式 (3.46) 进一步求导计算出极值位置 $t_{\min}$，

$$t_{\min} = \frac{\tau_i}{2\varepsilon_i} \ln\left(\frac{1+\varepsilon_i}{1-\varepsilon_i}\right) \approx \tau_i \tag{3.47}$$

将 $t_{\min} \approx \tau_i$ 代入公式 (3.46) 计算负相关的极值：

$$\langle r_{1,i}(\tau_i) r_{2,j}(0)\rangle \approx \frac{3}{2e} \frac{k_{\mathrm{B}}T}{k_i} \frac{a}{E} \tag{3.48}$$

互关联极小值与颗粒间距成反比。理论与实验测量结果对比如图 3.24，两者完全一致。

小结：本章介绍界面上胶体颗粒的流体力学相互作用。界面上胶体单层颗粒之间的流体力学相互作用的传递可以通过流体 (三维) 和液体界面 (二维) 这两种不同途径传递。两者的权重随颗粒间距而消长。这里介绍了对于胶体单层颗粒这样的离散体系，如何从实验中寻找合适的特征长度来刻画颗粒间距离的远近 (流体力学意义上的相互作用，而非真实空间上)。这里以水–气界面胶体颗粒为例详细介绍了当实验数据和原有理论不一致时，如何分析寻找可能的方向，从原始实验数据的仔细分析中获得提示从而建立新的模型。本章最后两节介绍了其他不同的边界条件下颗粒间的流体力学相互作用。和任何流体力学体系一样，边界条件的改变总是最主要的因素。

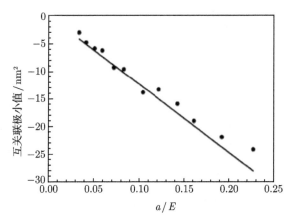

图 3.24　互关联极小值与颗粒间距

实线为公式拟合结果 (出自参考文献 [11])

参 考 文 献

[1]　Happel J, Brenner H. Low Reynolds Number Hydrodynamics. Nether Lands: Springer, 1983.

[2]　Gitterman M. Hydrodynamics of fluids near a critical-point. Rev. Mod. Phys., 1978, 50(1): 85-106.

[3]　Dhont J K G. An introduction to dynamics of colloids. Amsterdam: Elsevier Science B. V., 1996.

[4]　Crocker J C, Valentine M T, Weeks E R, et al. Two-point microrheology of inhomogeneous soft materials. Phys. Rev. Lett., 2000, 85(4): 888-891.

[5]　Kadanoff L P, Martin P C. Hydrodynamic equations and correlation functions. Ann. Phys., 1963, 24: 419-469.

[6]　Harris K R, Kanakubo M. Self-diffusion, velocity cross-correlation, distinct diffusion and resistance coefficients of the ionic liquid BMIM Tf2N at high pressure. PCCP 2015, 17(37): 23977-23993.

[7]　Herrera-Velarde S, Euán-Díaz E C, Córdoba-Valdés F, et al. Hydrodynamic correlations in three-particle colloidal systems in harmonic traps. J. Phys.-Condes. Matter, 2013, 25(32): 325102.

[8]　Huang C C, Gompper G, Winkler R G. Hydrodynamic correlations in multiparticle collision dynamics fluids. Phys. Rev. E, 2012, 86(5): 056711.

[9] Ziehl A, Bammert J, Holzer L, et al. Direct measurement of shear-induced cross-correlations of Brownian motion. Phys. Rev. Lett., 2009, 103(23): 230602.

[10] Balucani U, Lee M H, Tognetti V. Dynamical correlations. Phys. Rep. Rev. Sec. Phys. Lett., 2003, 373: 409-492.

[11] Meiners J C, Quake S R. Direct measurement of hydrodynamic cross correlations between two particles in an external potential. Phys. Rev. Lett., 1999, 82: 2211-2214.

[12] Mason T G, Weitz D A. Optical measurements of frequency-dependent linear viscoelastic moduli of complex fluids. Phys. Rev. Lett., 1995, 74(7): 1250-1253.

[13] Levine A J, MacKintosh F C. Dynamics of viscoelastic membranes. Phys. Rev. E, 2002, 66(6): 061606.

[14] Atakhorrami M, Koenderink G H, Schmidt C F, et al. Short-time inertial response of viscoelastic fluids: observation of vortex propagation. Phys. Rev. Lett., 2005, 95(20): 208302.

[15] Atakhorrami M, Mizuno D, Koenderink G H, et al. Short-time inertial response of viscoelastic fluids measured with Brownian motion and with active probes. Phys. Rev. E, 2008, 77(6): 061508.

[16] Felderhof B U. Estimating the viscoelastic moduli of a complex fluid from observation of Brownian motion. J. Chem. Phys., 2009, 131(16): 164904.

[17] Tanner S A, Amin S, Kloxin C J, et al. Microviscoelasticity of soft repulsive sphere dispersions: tracer particle microrheology of triblock copolymer micellar liquids and soft crystals. J. Chem. Phys., 2011, 134(17): 174903.

[18] Grebenkov D S, Vahabi M, Bertseva E, et al. Hydrodynamic and subdiffusive motion of tracers in a viscoelastic medium. Phys. Rev. E, 2013, 88(4): 040701.

[19] Levine A J, Lubensky T C. One- and two-particle microrheology. Phys. Rev. Lett., 2000, 85(8): 1774-1777.

[20] Saffman P G, Delbruck M. Brownian motion in biological membranes. Proc. Natl. Acad. Sci. USA, 1975, 72(8): 3111-3113.

[21] Oppenheimer N, Diamant H. Correlated diffusion of membrane proteins and their effect on membrane viscosity. Biophys. J., 2009, 96(8): 3041-3049.

[22] Lin B H, Yu J, Rice S A. Direct measurements of constrained Brownian motion of an isolated sphere between two walls. Phys. Rev. E, 2000, 62(3): 3909-3919.

[23] Pang H, Shin Y H, Ihm D, et al. Correlation between the Kolmogorov-Sinai entropy and the self-diffusion coefficient in simple liquids. Phys. Rev. E, 2000, 62: 6516-6521.

[24] Nguyen Z H, Atkinson M, Park C S, et al. Crossover between 2D and 3D fluid dynamics in the diffusion of islands in ultrathin freely suspended smectic films. Phys. Rev. Lett., 2010, 105(26): 268304.

[25] Prasad V, Koehler S A, Weeks E R. Two-particle microrheology of quasi-2D viscous systems. Phys. Rev. Lett., 2006, 97(17): 176001.

[26] Fischer T M, Dhar P, Heinig P. The viscous drag of spheres and filaments moving in membranes or monolayers. J. Fluid Mech., 2006, 558: 451-475.

[27] Peng Y, Chen W, Fischer T M, et al. Short-time self-diffusion of nearly hard spheres at an oil-water interface. J. Fluid Mech., 2009, 618: 243-261.

[28] Prasad V, Koehler S A, Weeks E R. Two-particle microrheology of quasi-2D viscous systems. Phys. Rev. Lett., 2006: 97(17): 176001.

[29] Oppenheimer N, Diamant H. Correlated dynamics of inclusions in a supported membrane. Phys. Rev. E Stat. Nonlin. Soft Matter Phys. 2010, 82(4Pt1): 041912.

[30] Russel W B, Saville D A, Schowalter W R. Colloidal Dispersions. Cambridge: Cambridge University Press, 1992.

[31] Hamrock B J, Schmid S R, Jacobson B O. Fundamentals of Fluid Film Lubrication. New York: Marcel Dekker Inc., 2004.

[32] Wu C Y, Song Y, Dai L L. Two-particle microrheology at oil-water interfaces. Appl. Phys. Lett., 2009, 95(14): 144104-144104-3.

[33] Parolini L, Law A D, Maestro A, et al. Interaction between colloidal particles on an oil-water interface in dilute and dense phases. J. Phys. Condes. Matter, 2015, 27(19): 194119.

[34] Aveyard R, Binks B P, Clint J H, et al. Measurement of long-range repulsive forces between charged particles at an oil-water interface. Phys. Rev. Lett., 2002, 88(24): 246102.

[35] Lee M H, Cardinali S P, Reich D H, et al. Brownian dynamics of colloidal probes during protein-layer formation at an oil-water interface. Soft Matter, 2011, 7(17): 7635-7642.

[36] Lee S H, Chadwick R S, Leal L G. Motion of a sphere in the presence of a plane interface.1.approximate solution by generalization of the method of Lorentz. J. Fluid Mech., 1979, 93(4): 705-726.

[37] Wang G M, Prabhakar R, Sevick E M. Hydrodynamic mobility of an optically trapped colloidal particle near fluid-fluid interfaces. Phys. Rev. Lett., 2009, 103(24): 248303.1-248303.4.

[38] Blawzdziewicz J, Ekiel-Jezewska M L, Wajnryb E. Hydrodynamic coupling of spherical particles to a planar fluid-fluid interface: theoretical analysis. J. Chem. Phys., 2010, 133(11): 705.

[39] Bickel T. Hindered mobility of a particle near a soft interface. Phys. Rev E, 2007, 75: 041403.

[40] Perkins G S, Jones R B. Hydrodynamic interaction of a spherical-particle with a planar boundary.2.hard-wall. Physica A, 1992, 189(3-4): 447-477.

[41] Dufresne E R, Squires T M, Brenner M P, et al. Hydrodynamic coupling of two Brow-
      nian spheres to a planar surface. Phys. Rev. Lett., 2000, 85(15): 3317-3320.

[42] Cui B X, Diamant H, Lin B H, et al. Anomalous hydrodynamic interaction in a
      quasi-two-dimensional suspension. Phys. Rev. Lett., 2004, 92(25Pt1): 258301.

[43] Doi M, Edwards S F. The Theory of Polymer Dynamics. Oxford: Oxford University
      Press, 1994.

第 4 章　测量各类定向漂移流的方法

在各类液面或流体中普遍存在流体的定向流动 [1-3]。这些流动的性质往往影响了整个体系的特征表现。因此对定向流动的精密测量是研究界面胶体系的一个首要问题。一般对这类问题的处理都是采用示踪粒子的方法：通过直接追踪测量示踪粒子的运动来还原流体的流场。但是在很多情况下定向流场非常微弱，此时流场对示踪颗粒运动的贡献还远远小于布朗运动的贡献。如果要对这样的弱流场做高精度的测量，就需要对示踪颗粒运动做大量的统计平均以消除热涨落的影响。最简单的情况是空间中存在均匀恒定流，即观察范围内各处的运动速度都相同，那么这种直接统计计算的效率最高。只需要把所得到的全部示踪颗粒运动位移相加取平均，由热涨落贡献的位移相互抵消，就可以直接得到这个均匀恒定流的流速和方向。热涨落扰动的统计误差以 $1/\sqrt{N}$ 的方式衰减，N 是平均统计计算次数。如果空间中存在的恒定流是非均匀的，即各处的运动速度不同，那么对于每一处的流场流速就只能通过空间该处的示踪颗粒运动位移相加取平均来得到，此时计算的效率就会大大下降。本章我们介绍如何通过其他方法 (包括自扩散或者互关联扩散的测量) 来计算液体界面上的微小定向流。

4.1　计算均匀定向流的漂移位移

之前的章节介绍了通过胶体颗粒位移来测量颗粒自扩散或者互关联扩散以计算颗粒间流体力学相互作用或者研究流体性质的方法。这些方法都依赖于空间的流体没有任何宏观流动的假设，但是这通常只在理想情况下近似成立。在真实情况下总有机械振动、温度涨落等外部环境的扰动而产生流体的整体流动。来自各种因素的影响一般能够通过各种方法被抑制一部分，但是难以完全消除。所以事实上在实验胶体系中微小的定向漂移经常会被观察到。这对很多精度要求较高的测量有很大的影响。因此除了用各种物理方法来减弱定量流之外，一般再进一步通过算法的补偿修正：准确测量这些微小定向漂移的流速和方向，在随后的计算中从颗粒的整体位移中去除这一部分的贡献。

以下介绍的两种方法可计算系统中的均匀定向流：颗粒平均位移法 (传统算法) 和拟合平均平方位移法 (自扩散测量)。从计算方法上前者更简单，后者精度更高。

4.1.1　平均位移法和平均平方位移 (自扩散) 法

以胶体颗粒单层的测量为例，测量各个颗粒的位移的方法是每间隔时间 τ 拍摄一张胶体颗粒图片，从图片中识别出各个颗粒的位置 $s_i(t)$。将前后两张图片对应颗粒的位置相减，可得到间隔时间 τ 内位移 $\Delta s_i = s_i(t+\tau) - s_i(t)$。

对于胶体颗粒 i，其位移 Δs_i 包含两部分

$$\Delta s_i = \Delta s_i^{\mathrm{B}} + \Delta s_i^{\mathrm{D}} \tag{4.1}$$

式中，Δs_i^{B} 代表胶体颗粒在热涨落的驱动下做布朗运动引起的位移；Δs_i^{D} 代表流体整体定向漂移流引起的胶体颗粒的位移。两者的区别在于：Δs_i^{B} 为随机行走的结果，对多个独立运动的颗粒，此项相加结果趋近于零，有

$$\sum_i \Delta s_i^{\mathrm{B}} \to 0 \tag{4.2}$$

而 Δs_i^{D} 对于所有的颗粒是不变量。因此有

$$\sum_i^N \Delta s_i^{\mathrm{D}} = N\Delta s_i^{\mathrm{D}} \tag{4.3}$$

因此只需把图片测得的各个颗粒 Δs_i 位移相加，便有

$$\sum_i \Delta s_i = \sum_i \Delta s_i^{\mathrm{B}} + \sum_i \Delta s_i^{\mathrm{D}} = N\Delta s_i^{\mathrm{D}} \tag{4.4}$$

最终得到的位移量就是流体整体定向漂移流的贡献 Δs_i^{D}。从所有测量得到的颗粒位移 $s_i(t)$ 中减去 Δs_i^{D}，即可消除流体中定向漂移的影响。这里所做的一个假设是：流体中定向漂移对于颗粒间的流体相互作用和涨落行为没有影响。这个假设在流体中定向漂移非常微弱时总是成立的。

对所有通过平均统计的计算，其结果的准确性都依赖于统计量。在颗粒数据统计量比较大时 (图 4.1(a))，计算的净位移比较准确。如果样品中的颗粒较稀疏，单次计算平均位移的统计量较少，那么需要统计更多张图片的颗粒位移以达到相同的统计数量。在颗粒数较稀疏的情况下，实验上通过颗粒平均位移的统计方法计算出的定向漂移运动所花费的时间较长。并且这种计算方法只是统计颗粒在一个时间间隔 τ 内的位移，没有办法简单断定流体的宏观流动是否为定向流。

因此我们也可以通过计算颗粒自扩散的方法来拟合估算定向漂移流。这种方法是在更长的时间间隔内统计多个颗粒的位移。而且计算的时间间隔越长，所统计的数据量越多，结果越准确，统计误差精度正比于 $1/\sqrt{N}$。

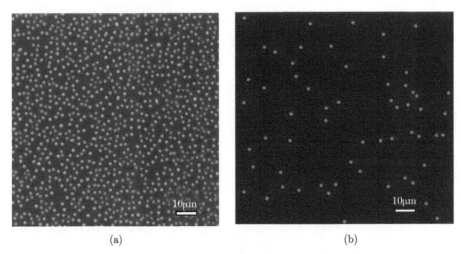

(a)　　　　　　　　　　　　　　　　　　(b)

图 4.1　不同密度下液体界面上的 silica 胶体颗粒单层

颗粒直径 2μm

根据 Einstein 、Smoluchowski 及 Professor Dr.Hannes Risken 的统计理论，当扩散时间足够长时，颗粒的平均平方位移可表示为

$$\langle \Delta s^2(\tau) \rangle = 2dD\tau \tag{4.5}$$

式中，d 为空间维度；D 为扩散系数。在 3D 体系中，流体的黏度为 η，根据斯托克斯–爱因斯坦关系，在给定系统温度 T、液体黏度 η、颗粒半径 a 的情况下，有

$$D = \frac{k_{\mathrm{B}}T}{6\pi\eta a} \tag{4.6}$$

即当扩散时间足够长时，布朗颗粒的随机布朗运动的平均平方位移应与扩散时间 τ 呈线性关系。但是如果样品中存在漂移，且漂移速度为 v，颗粒位移包含两部分，其平均平方位移为

$$\begin{aligned}
\langle \Delta s^2(\tau) \rangle &= \langle (\Delta s_i^{\mathrm{B}} + \Delta s_i^{\mathrm{D}})^2 \rangle \\
&= \langle (\Delta s_i^{\mathrm{B}})^2 \rangle + \langle (\Delta s_i^{\mathrm{D}})^2 \rangle + \langle 2\Delta s_i^{\mathrm{B}}\Delta s_i^{\mathrm{D}} \rangle
\end{aligned} \tag{4.7}$$

式中，Δs_i^{B} 为布朗运动项，则有 $\langle (\Delta s_i^{\mathrm{B}})^2 \rangle = 4D\tau$；$\Delta s_i^{\mathrm{D}}$ 为漂移流位移，在给定时间间隔 τ 内，有 $\langle (\Delta s_i^{\mathrm{D}})^2 \rangle = (v\tau)^2$。且 Δs_i^{B} 为布朗运动，有 $\langle \Delta s_i^{\mathrm{B}} \rangle = 0$，则式 (4.7) 中的交叉项 $\langle 2\Delta s_i^{\mathrm{B}}\Delta s_i^{\mathrm{D}} \rangle = 2\langle \Delta s_i^{\mathrm{B}} \rangle \Delta s_i^{\mathrm{D}} = 0$。

因此当存在定向漂移流 v 的时候，布朗粒子的平均平方位移写作

$$\langle \Delta s^2(\tau) \rangle = 4D\tau + (v\tau)^2 \tag{4.8}$$

测量到的平均平方位移曲线如图 4.2(a)，则可以根据多项式 $y = ax + bx^2$ 拟合得到扩散系数和漂移速率 v 的大小。但是需要注意的是从平均平方位移拟合所得的漂移数值是速率，并不包含方向的信息。

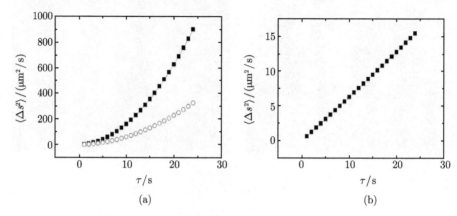

图 4.2   (a) 高漂移流情况下根据颗粒原始位置数据计算的平均平方位移 (实心方块) 和按照计算颗粒平均位移的方法去除定向漂移位移之后的平均平方位移 (空心圆圈)；(b) 按照拟合颗粒平均平方位移方法去除颗粒漂移位移之后颗粒位移的平均平方位移

若要确定定向漂移运动的速度，可以沿空间两个正交方向 (x, y) 分别计算颗粒位移分量 Δs_x、Δs_y 的平方平均值，有

$$\left\langle \Delta s_x^2(\tau) \right\rangle = 2D_x\tau + (v_x\tau)^2 \tag{4.9}$$

$$\left\langle \Delta s_y^2(\tau) \right\rangle = 2D_y\tau + (v_y\tau)^2 \tag{4.10}$$

分别对两个方向上位移分量的平方平均随时间变化做拟合，可得到各个方向上的扩散系数 D_x、D_y 以及漂移流速度分量的绝对值 v_x、v_y。

而对于各向同性的流体系统应当有

$$D_x = D_y \tag{4.11}$$

实际中可以通过检查所得到的 D_x、D_y 两者是否相等来判断自己的计算是否正确。

但是从公式 (4.9) 和 (4.10) 测量拟合得到的漂移流速度分量 v_x、v_y 只是分量的绝对值，因为拟合得到的参数实际上是 v_x^2、v_y^2。并没有办法区分在 x 或 y 方向上是沿正向漂移还是反向漂移：两者的平均平方位移分量的曲线无法区分。

下面来确定 v_x、v_y 分量的正负。

首先分别假设漂移流 v_x、v_y 为正或负。根据之前拟合的实验数据结果，漂移流的流速一共有四种可能性：

$$\begin{aligned}
\vec{v} &= v_x\hat{x} + v_y\hat{y} \\
\vec{v} &= v_x\hat{x} - v_y\hat{y} \\
\vec{v} &= -v_x\hat{x} + v_y\hat{y} \\
\vec{v} &= -v_x\hat{x} - v_y\hat{y}
\end{aligned} \tag{4.12}$$

分别按照这四种可能流速，在实验所测量到的位移 Δs_i 相应的方向减去漂移位移分量做修正，依次对应为

$$\begin{cases}
s_{ix}(t+\tau) = s_{ix0}(t+\tau) - (v_x) \cdot \tau \\
s_{iy}(t+\tau) = s_{iy0}(t+\tau) - (v_y) \cdot \tau
\end{cases}$$

$$\begin{cases}
s_{ix}(t+\tau) = s_{ix0}(t+\tau) - (v_x) \cdot \tau \\
s_{iy}(t+\tau) = s_{iy0}(t+\tau) - (-v_y) \cdot \tau
\end{cases}$$

$$\begin{cases}
s_{ix}(t+\tau) = s_{ix0}(t+\tau) - (-v_x) \cdot \tau \\
s_{iy}(t+\tau) = s_{iy0}(t+\tau) - (v_y) \cdot \tau
\end{cases} \tag{4.13}$$

$$\begin{cases}
s_{ix}(t+\tau) = s_{ix0}(t+\tau) - (-v_x) \cdot \tau \\
s_{iy}(t+\tau) = s_{iy0}(t+\tau) - (-v_y) \cdot \tau
\end{cases}$$

分别计算这四组修正后颗粒位置 $s_{ix,y}(t+\tau)$ 的平均平方位移曲线。在四种修正结果中只有一组是符合真实情况的修正：漂移流所引起的位移是从测量位移 Δs_{ix} 和 Δs_{iy} 中减掉了。而其他三种事实上是增强了漂移流的贡献 (至少在某个分量上)。

我们用下面的方法来判断哪一种是正确的。分别对这四种修正过的位移数据重新计算平均平方位移随时间 τ 的变化曲线。在四组曲线中，只有一组曲线 $\langle \Delta s_{xy}^2(\tau) \rangle$ 最符合线性直线趋势，有 $\Delta s_{xy}^2(\tau) = 2D_{xy}\tau$。对于其余的三种，因为至少在一个方向上的错误修正，其对应的 $\Delta s_{xy}^2(\tau)$ 曲线至少有一条比未修正之前更加偏离线性。因此通过这种办法可以知道公式 (4.12) 中的哪一组是正确的，从而得到正确的漂移速度。

对于颗粒较稀疏的情况，利用拟合颗粒平均平方位移方法计算出来的漂移速度比使用单颗粒平均位移方法计算时的统计量更多 (不同的时间间隔 τ 做平均)，估算的结果也更准确。

图 4.2 所示样品中颗粒较稀疏且颗粒层存在较大的定向漂移运动速度 v。图 4.2(a) 上面的曲线是根据颗粒原始位置数据计算的平均平方位移；当时间 τ 较长

时，$\langle \Delta s^2 \rangle$ 与 τ 呈 2 次方关系的漂移项占主导地位，可以根据多项式拟合得出漂移速率 $v = \sqrt{1.54}\mu m/s$ (实际处理数据时应按照前述方法分别对 x, y 方向拟合)。图 4.2(a) 下面曲线是按照计算颗粒平均位移的方法去除定向漂移位移之后颗粒位移的平均平方位移。可见和原始数据相比，纵轴数值有所下降，可见已经有部分漂移流被减掉了。但是从曲线的非线性程度看，随时间 2 次方变化的趋势并没有完全消除。这说明漂移流的贡献并没有完全去除。图 4.2(b) 是按照拟合颗粒平均平方位移方法去除颗粒漂移位移之后计算的结果。可见经过处理，漂移流的贡献基本消除后，颗粒平均平方位移曲线可以是很好的直线。

当样品中颗粒密度较大时，按照两种方法去除颗粒层漂移速度的效果一致。图 4.3(b) 中下方的两条曲线是分别按照颗粒平均位移法和拟合颗粒平均平方位移法计算颗粒层漂移位移的，分别去除漂移后计算得到的颗粒的平均平方位移曲线，如图 4.3 所示，在误差范围内，按照上述两种方法去除漂移位移，结果一致。

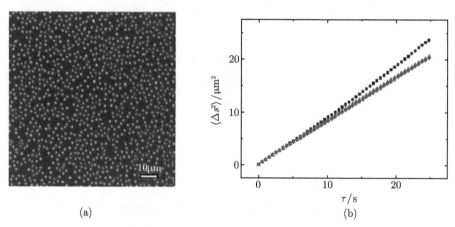

(a)　　　　　　　　　　　　　　　　　(b)

图 4.3　高密度 silica 胶体颗粒单层存在弱漂移流情况下的平均平方曲线的处理

(a) 直径为 2.0μm 的 silica 颗粒在较密集情况下的颗粒单层图片，面积分数 36.2%。(b) 颗粒的平均平方位移曲线。最上方的曲线点是根据颗粒的原始实验数据计算得到的结果。下方的两条曲线基本重合在一起，两条曲线是分别按照两种方法分别去除颗粒层漂移位移后计算得到的颗粒的平均平方位移曲线

用拟合颗粒平均平方位移曲线计算漂移流的优势在于拟合曲线的时间越长，计算结果越准确。这是因为颗粒的平均平方位移中漂移流的贡献随时间 2 次方增长，而扩散的贡献是 1 次方增长，如公式 (4.8) 所示。因此统计平均平方位移的时间越长，漂移流的贡献越占据主导地位，对漂移流拟合计算的结果就越准确。

但是当样品中颗粒层的定向漂移速度很小时，根据式 (4.9) 和 (4.10)，漂移项 $(v_{x,y} \cdot \tau)^2$ 相对于扩散项 $2nD_{x,y}\tau$ 较小，此时在拟合误差范围内不能较准确地拟合出定向漂移速度 (v_x, v_y)。需要利用其他方法来去除此样品中的定向漂移

位移。

4.1.2 互关联扩散方法

本节介绍通过拟合不同间距的两颗粒间的互关联扩散位移计算胶体样品颗粒层存在的定向漂移运动。

当胶体样品存在的定向漂移流较小时，4.1.1 节中介绍的方法的计算误差会较大。这时可以根据两颗粒间的互关联扩散更准确地计算颗粒层中存在的定向漂移流。

在胶体颗粒系统中颗粒间的互关联扩散系数 $D_\parallel$ 和 $D_\perp$ (分别表示平行于颗粒质心连线方向和垂直于颗粒质心连线方向) 随颗粒间距 r 的关系 [5-11] 为

$$D_\parallel = \frac{C_\parallel}{2\tau} \approx \frac{1}{r^{\gamma_1}}, \quad D_\perp = \frac{C_\perp}{2\tau} \approx \frac{1}{r^{\gamma_2}} \tag{4.14}$$

γ_1、γ_2 表征了 $D_\parallel$ 和 $D_\perp$ 随颗粒间距 r 衰减的快慢程度，有 $\gamma_1 > 0$、$\gamma_2 > 0$。上式中对于给定的颗粒间距 r，颗粒间的互关联运动位移 $C_{\parallel,\perp}(r,\tau)$ 随扩散时间 τ 呈线性关系 [8,12]

$$C_{\parallel,\perp}(r,\tau) = \langle \Delta s^i_{\parallel,\perp}(t,\tau) \Delta s^j_{\parallel,\perp}(t,\tau) \rangle_{i \neq j, t} \tag{4.15}$$

当胶体样品中不存在定向漂移流时，颗粒对 $D_\parallel$ 和 $D_\perp$ 表征了胶体中颗粒间流体力学相互作用 [5,6,8-12]。当 r 较大时，颗粒间流体力学相互作用衰减到很弱的程度，故随着 r 的增大，$D_\parallel$ 和 $D_\perp$ 的数值都迅速减小。

若胶体样品中存在定向漂移运动，则颗粒的位移 Δs_i 由颗粒自身的位移 $(\Delta s^i_{\mathrm{B}})$ 与定向漂移运动产生的位移 $(\Delta s^i_{\mathrm{D}})$ 两部分组成，即 $\Delta s_i = \Delta s^i_{\mathrm{B}} + \Delta s^i_{\mathrm{D}}$，当两颗粒间距 r 一定时，在扩散时间 τ 内，随意正交方向上 $(x$、y 轴) 两颗粒间的关联扩散位移 ΔR^{ij}_{xx}、ΔR^{ij}_{yy} 分别为

$$\Delta R^{ij}_{xx} = \left(\Delta s^i_{\mathrm{B}x} + \Delta s^i_{\mathrm{D}x} \right) \cdot \left(\Delta s^j_{\mathrm{B}x} + \Delta s^j_{\mathrm{D}x} \right) \tag{4.16}$$

$$\Delta R^{ij}_{yy} = \left(\Delta s^i_{\mathrm{B}y} + \Delta s^i_{\mathrm{D}y} \right) \cdot \left(\Delta s^j_{\mathrm{B}y} + \Delta s^j_{\mathrm{D}y} \right) \tag{4.17}$$

一般 x、y 轴取图片的纵横轴。$\Delta s^i_{\mathrm{B}x}$ 代表自身运动引起的颗粒 i 在 x 轴方向的位移，$\Delta s^i_{\mathrm{B}y}$ 代表自身运动引起的颗粒 i 在 y 轴方向的位移，$\Delta s^i_{\mathrm{D}x}$ 代表宏观漂移流引起的颗粒 i 在 x 轴方向的位移，$\Delta s^i_{\mathrm{D}y}$ 代表宏观漂移流引起的颗粒 i 在 y 轴方向的位移。对式 (4.16) 和 (4.17) 两边取平均有

$$\overline{\Delta R^{ij}_{xx}}$$
$$= \overline{\left(\Delta s^i_x \right) \cdot \left(\Delta s^j_x \right)} = \overline{\left(\Delta s^i_{\mathrm{B}x} + \Delta s^i_{\mathrm{D}x} \right) \cdot \left(\Delta s^j_{\mathrm{B}x} + \Delta s^j_{\mathrm{D}x} \right)}$$
$$= \overline{\Delta s^i_{\mathrm{B}x} \cdot \Delta s^j_{\mathrm{B}x}} + \overline{\Delta s^i_{\mathrm{B}x} \cdot \Delta s^j_{\mathrm{D}x}} + \overline{\Delta s^i_{\mathrm{D}x} \cdot \Delta s^j_{\mathrm{B}x}} + \overline{\Delta s^i_{\mathrm{D}x} \cdot \Delta s^j_{\mathrm{D}x}} \tag{4.18}$$

$$\overline{\Delta R_{yy}^{ij}}$$

$$= \overline{\left(\Delta s_y^i\right) \cdot \left(\Delta s_y^j\right)} = \overline{\left(\Delta s_{By}^i + \Delta s_{Dy}^i\right) \cdot \left(\Delta s_{By}^j + \Delta s_{Dy}^j\right)}$$

$$= \overline{\Delta s_{By}^i \cdot \Delta s_{By}^j} + \overline{\Delta s_{By}^i \cdot \Delta s_{Dy}^j} + \overline{\Delta s_{Dy}^i \cdot \Delta s_{By}^j} + \overline{\Delta s_{Dy}^i \cdot \Delta s_{Dy}^j} \qquad (4.19)$$

其中由宏观漂移流引起的位移分量 Δs_{Dx}^i、Δs_{Dx}^j、Δs_{Dy}^i、Δs_{Dy}^j 都为常数，所以式 (4.18) 中的 BD 交叉项如 $\overline{\Delta s_{Dx}^i \cdot \Delta s_{Bx}^j}$ 项可以写成 $\Delta s_{Dx}^i \cdot \overline{\Delta s_{Bx}^j}$，且对自身运动分量有 $\overline{\Delta s_{Bx}^j} = 0$，即有 $\overline{\Delta s_{Dx}^i \cdot \Delta s_{Bx}^j} = 0$。类似地，对于公式 (4.18) 和 (4.19) 中的其他三项交叉项也有 $\overline{\Delta s_{Dx}^i \cdot \Delta s_{Bx}^j} = 0$，$\overline{\Delta s_{By}^i \cdot \Delta s_{Dy}^j} = 0$ 和 $\overline{\Delta s_{Dy}^i \cdot \Delta s_{By}^j} = 0$，即公式 (4.18) 和 (4.19) 可写为

$$\overline{\Delta R_{xx}^{ij}}\left(\tau\right) = \overline{\Delta s_{Bx}^i \cdot \Delta s_{Bx}^j} + \overline{\Delta s_{Dx}^i \cdot \Delta s_{Dx}^j} \qquad (4.20)$$

$$\overline{\Delta R_{yy}^{ij}}\left(\tau\right) = \overline{\Delta s_{By}^i \cdot \Delta s_{By}^j} + \overline{\Delta s_{Dy}^i \cdot \Delta s_{Dy}^j} \qquad (4.21)$$

简记为

$$\overline{\Delta R_{xx}^{ij}}\left(\tau\right) = f_{xx}\left(\tau\right) + F_{xx}\left(\tau\right) \qquad (4.22)$$

$$\overline{\Delta R_{yy}^{ij}}\left(\tau\right) = f_{yy}\left(\tau\right) + F_{yy}\left(\tau\right) \qquad (4.23)$$

其中

$$\overline{\Delta s_{Bx}^i \cdot \Delta s_{Bx}^j} = f_{xx}\left(\tau\right), \quad \overline{\Delta s_{Dx}^i \cdot \Delta s_{Dx}^j} = F_{xx}\left(\tau\right)$$

$$\overline{\Delta s_{By}^i \cdot \Delta s_{By}^j} = f_{yy}\left(\tau\right), \quad \overline{\Delta s_{Dy}^i \cdot \Delta s_{Dy}^j} = F_{yy}\left(\tau\right)$$

$f_{xx,yy}\left(\tau\right)$ 为流体的流体力学引起的颗粒间的关联位移，满足

$$f_{xx,yy}\left(\tau\right) \propto \tau/r \qquad (4.24)$$

$F_{xx,yy}\left(\tau\right)$ 为宏观漂移流引起的颗粒间的关联位移。因为对于给定的定向漂移流，颗粒 i、j 的漂移运动速度相同，即 $\Delta s_{Dx}^i = \Delta s_{Dx}^j = v_x\tau$ 和 $\Delta s_{Dy}^i = \Delta s_{Dy}^j = v_y\tau$，则 $F_{xx,yy}\left(\tau\right)$ 满足

$$F_{xx}\left(\tau\right) = \left(v_x\tau\right)^2, \quad F_{yy}\left(\tau\right) = \left(v_y\tau\right)^2 \qquad (4.25)$$

可见 $F_{xx,yy}\left(\tau\right)$ 的大小与 τ 呈 2 次方关系，与颗粒的间距 r 无关。

测量得到 $\overline{\Delta R_{xx}^{ij}}\left(\tau\right)$ 和 $\overline{\Delta R_{yy}^{ij}}\left(\tau\right)$，当测量的颗粒对间距 r 较远时，由于 $f_{xx,yy}\left(\tau\right)$ 迅速衰减，$F_{xx,yy}\left(\tau\right)$ 占主导成分。当测量时间间隔 τ 较长时，由于 $F_{xx,yy}\left(\tau\right)$ 随时间 2 次方增长，同样也是 $F_{xx,yy}\left(\tau\right)$ 占主导成分。因此我们选择较长测量时间间隔 τ，测量颗粒对间距 r 较大的颗粒的 $\overline{\Delta R_{xx}^{ij}}\left(\tau\right)$ 和 $\overline{\Delta R_{yy}^{ij}}$ 曲线。测量结果主要是 $F_{xx,yy}\left(\tau\right)$ 的贡献。此时用多项式 $y = B \cdot \tau + C^2 \cdot \tau^2$ 拟合计算出数据 $\overline{\Delta R_{xx}^{ij}}\left(\tau\right)$、$\overline{\Delta R_{yy}^{ij}}\left(\tau\right)$，根据二次项系数可准确计算出颗粒漂移速度在 x、y 方向上的分量速率 v_x、v_y。

　　为验证本方法的准确性，在颗粒层不存在定向漂移的样品中人为地加入特定的定向漂移流，然后用本方法计算漂移流的大小，与原值比较。

　　如图 4.4 所示样品，在原始实验数据的基础上人为地在 x, y 轴方向加入定向漂移流，漂移流速度 $v_{x0} = -0.27\mu m/s$，$v_{y0} = -0.34\mu m/s$，计算加入定向漂移流后颗粒位移的关联扩散位移，结果如图 4.5。

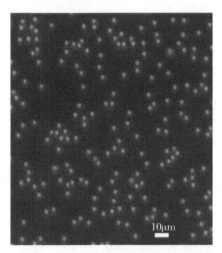

图 4.4 直径为 2.0μm silica 颗粒置于油–水界面附近

面积分数 $n = 2\%$

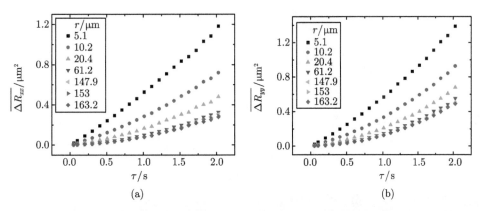

图 4.5 不同的数据点是选定的不同颗粒间距 r 所对应的 $x(y)$ 轴方向上颗粒间关联扩散位移 $\overline{\Delta R_{xx}}(\overline{\Delta R_{yy}})$ 随扩散时间 τ 的变化 (出自参考文献 [13])

　　由图 4.5 中可见，加入漂移流后，给定间距为 r 的颗粒对的关联扩散位移随扩散时间 τ 呈现明显的非线性关系，满足 $y = B \cdot \tau + C^2 \cdot \tau^2$。并且间距 r 越大，曲线的弯曲程度越强，说明此时 2 次方项 $C^2 \cdot \tau^2$ 的贡献在曲线中得到了加强。

在实际计算中可以根据不同间距的颗粒对关联扩散位移的曲线分别拟合，然后将拟合得到的各 $C_{x,y}$ 值取平均以增加统计数目。因为不同颗粒间距下得到的 $C_{x,y}$ 精确度随颗粒间距增大而增大，所以使用加权平均的办法会更为准确。

同样拟合出的漂移运动速率分量并没有速度方向的信息，因此若要确定漂移流的方向，就需要分析组合运动方向的可能性，然后从中找出正确的一组。x,y 两个方向上所有的漂移速率的组合方式有四种：

$$(v_x, v_y), \quad (-v_x, v_y), \quad (v_x, -v_y), \quad (-v_x, -v_y)$$

根据这四组漂移速率假定分别从原始位移中减去漂移运动，分别计算 x,y 方向上所对应的关联扩散位移 $\overline{\Delta R_{xx}^{ij}}(\tau)$、$\overline{\Delta R_{yy}^{ij}}(\tau)$，得到四组曲线。从四组结果中找出修正后 $\overline{\Delta R_{xx}^{ij}}(\tau)$、$\overline{\Delta R_{yy}^{ij}}(\tau)$ 的线性度最好的一组，其所对应的漂移速率的组合即是漂移运动的速率分量 v_x、v_y。

根据以上算法从图 4.6 拟合的结果中找出正确的漂移流速度，把颗粒层的定向漂移运动部分从原始图片中减去。去除漂移流后，重新计算图 4.6 颗粒间的关联扩散位移。结果如图 4.7，由结果可知，颗粒层去除漂移流后，颗粒间的关联扩散位移与扩散时间 τ 呈线性关系。说明以上计算结果准确。进一步计算图 4.5 中其他颗粒间距下的关联扩散位移，结果如图 4.8 所示。

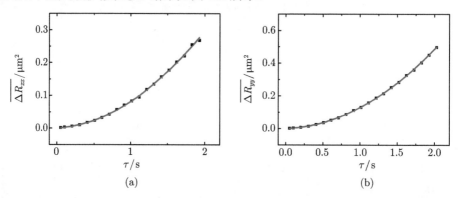

(a)   (b)

图 4.6   图 4.5 中 $r = 153\mu m$ 颗粒对所对应的 x、y 轴方向关联扩散 $\overline{\Delta R_{xx}}(\tau)$、$\overline{\Delta R_{yy}}(\tau)$ 曲线的拟合结果

黑色点为实验数据点，(a)(b) 图中的实线分别为 $y = B_x \cdot \tau + C_x^2 \cdot \tau^2$，$y = B_y \cdot \tau + C_y^2 \cdot \tau^2$ 的拟合结果，拟合参数 $B_x = 0.013\mu m^2/s$，$C_x = 0.26\mu m/s$；$B_y = 0.014\mu m^2/s$，$C_y = 0.34\mu m/s$ (出自参考文献 [13])

各个颗粒对的曲线都被修正为直线，说明定向漂移流的贡献确实被消除。此方法和平均平方位移法相比，在一定的扩散时间 τ 内，平均平方位移法中颗粒由自身运动引起的平均平方位移 $(2 \cdot n \cdot D \cdot \tau)$ 强于两颗粒间的关联扩散位移 $\overline{\Delta R_{xx}^{ij}}(\tau)$、$\overline{\Delta R_{yy}^{ij}}(\tau)$，使得由漂移运动速度 v 引起的关联位移 $(v \cdot \tau)^2$ 项相对较弱，相当于在

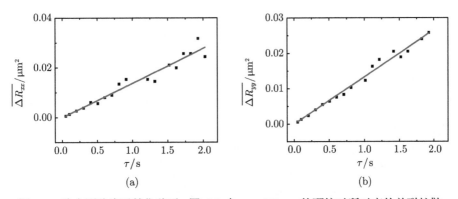

图 4.7 除去漂移流贡献位移后,图 4.5 中 $r = 153\mu m$ 的颗粒对所对应的关联扩散 $\overline{\Delta R_{xx}}(\tau)$,$\overline{\Delta R_{yy}}(\tau)$

图中黑色点为实验数据点 (出自参考文献 [13])

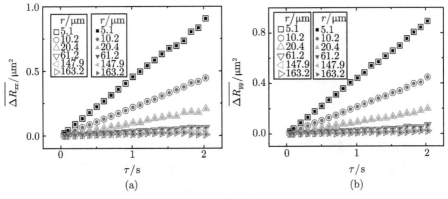

图 4.8 图中空心点为漂移流的贡献被修正后颗粒对关联扩散位移 $\overline{\Delta R_{xx}}$ ($\overline{\Delta R_{yy}}$) 随扩散时间 τ 的变化

不同符号点对应不同的颗粒间距,如图示所标。(a)、(b) 分别对应 x、y 方向上的测量结果

(出自参考文献 [13])

一个较强的背景中提取一个较弱的信号,所以计算出的漂移运动速率精度不高。而此方法利用的是颗粒间关联扩散位移 $\overline{\Delta R_{xx}^{ij}}(\tau) = f(\tau) + F(\tau)$,$\overline{\Delta R_{yy}^{ij}}(\tau) = f(\tau) + F(\tau)$,在相同的扩散时间 τ 内,$f(\tau)$ 远小于自身运动引起的颗粒平均平方位移 $(2 \cdot n \cdot D \cdot \tau)$ 项,相当于在一个很弱的背景中提取一个很强的信号。并且颗粒对间距越大,流体力学相互作用的贡献 (背景) 越弱,计算出的漂移运动速率 (信号) 越准确。

4.2　通过互关联扩散计算涡旋流

4.1 节所讨论的定向漂移流的特征是：当把全部颗粒的运动位移 $\Delta \vec{s}_i$ 相加时，布朗运动贡献的部分相互抵消，最后位移求和的结果 $\left(\sum \Delta \vec{s}_i \neq 0\right)$ 就是定向漂移流 $(\vec{v}_{\mathrm{d}})$ 的贡献。但是这种判据并不是总有效。如果体系中存在剪切流或涡旋流，当剪切流或涡旋流的对称中心与所处理的颗粒影像几何中心相重合时，全部颗粒的运动位移相加的结果也同样可以等于零。而剪切流或涡旋流对称中心与图像中心两者重合这个条件，总是可以通过在全部颗粒的运动位移 $\Delta \vec{s}_i$ 中减去 $\vec{v}_{\mathrm{d}}$ 来实现，如图 4.9 所示。

$$\text{(a)} \qquad\qquad\qquad\qquad\qquad \text{(b)}$$

图 4.9　(a) 剪切流和定向流的叠加流场示意图；(b) 减去定向流后留下的中心对称剪切流

因为剪切流 (或涡旋流) 的每一处流场速度大小 (和方向) 都与该处的空间位置有关，通过计算平均位移或平均平方位移的方式来估算剪切流 (或涡旋流) 会比较困难，但是可以通过互关联扩散的测量来验证和计算剪切流 (或涡旋流)[14]。

当界面体系上存在涡旋流 (图 4.10) 时，涡旋流流速随空间位置线性变化。可知涡旋中心处流速度 $v = 0$。通过定义涡旋流旋转的角速度 ω (称为涡旋流的剪切速率)，可知空间各点的流场速率 $v(R) = \omega R$，R 为该点到中心的直线距离。流场方向总是沿切向方向。

存在涡旋流的情况下，颗粒的位移 Δs^i 都由自身的位移 $(\Delta s_{\mathrm{B}}^i)$ 与涡旋流漂移运动产生的位移 $(\Delta s_{\mathrm{vortex}}^i)$ 两部分组成，即 $\Delta s_i = \Delta s_{\mathrm{B}}^i + \Delta s_{\mathrm{vortex}}^i$。

因此对于所有间距为 r 的颗粒对，计算其平均的互关联位移有

$$\begin{aligned}
C^{ij} &= \left\langle \Delta s^i \Delta s^j \right\rangle = \left\langle \left(\Delta s_{\mathrm{B}}^i + \Delta s_{\mathrm{vortex}}^i\right)\left(\Delta s_{\mathrm{B}}^j + \Delta s_{\mathrm{vortex}}^j\right)\right\rangle \\
&= \left\langle \Delta s_{\mathrm{B}}^i \Delta s_{\mathrm{B}}^j + \Delta s_{\mathrm{vortex}}^i \Delta s_{\mathrm{B}}^j + \Delta s_{\mathrm{B}}^i \Delta s_{\mathrm{vortex}}^j + \Delta s_{\mathrm{vortex}}^i \Delta s_{\mathrm{vortex}}^j \right\rangle
\end{aligned} \tag{4.26}$$

和之前的讨论类似，其中 $\left\langle \Delta s_{\mathrm{vortex}}^i \Delta s_{\mathrm{B}}^j \right\rangle, \left\langle \Delta s_{\mathrm{B}}^i \Delta s_{\mathrm{vortex}}^j \right\rangle$ 两项都为零，有

$$C^{ij} = \left\langle \Delta s_{\mathrm{B}}^i \Delta s_{\mathrm{B}}^j \right\rangle + \left\langle \Delta s_{\mathrm{vortex}}^i \Delta s_{\mathrm{vortex}}^j \right\rangle \tag{4.27}$$

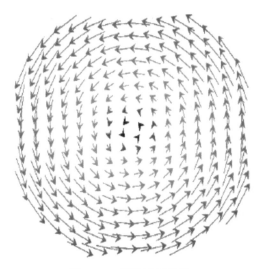

图 4.10 涡旋流示意图

涡旋中心与图片中心重合。图中箭头的方向代表流场，箭头长短代表该处流速的大小。图片的半径为 L

可见在有涡旋流的情况下测量得到的颗粒互关联位移 C^{ij} 只包括数学上完全分开的两项 $\langle \Delta s_{\mathrm{B}}^i \Delta s_{\mathrm{B}}^j \rangle$，$\langle \Delta s_{\mathrm{vortex}}^i \Delta s_{\mathrm{vortex}}^j \rangle$，分别由颗粒自身运动位移和涡旋流流场的位移贡献。

4.2.1 初步估算涡旋流流场的影响

我们分析一下 $\langle \Delta s_{\mathrm{B}}^i \Delta s_{\mathrm{B}}^j \rangle$，$\langle \Delta s_{\mathrm{vortex}}^i \Delta s_{\mathrm{vortex}}^j \rangle$ 两项的特征，来看一下涡旋流流场对于测量结果 C^{ij} 的影响。对于前者 $\langle \Delta s_{\mathrm{B}}^i \Delta s_{\mathrm{B}}^j \rangle$，当颗粒间距 r 足够大的时候，在液体界面上总有

$$\langle \Delta s_{\mathrm{B}}^i \Delta s_{\mathrm{B}}^j \rangle_{\parallel} = \frac{\alpha}{r}, \quad \langle \Delta s_{\mathrm{B}}^i \Delta s_{\mathrm{B}}^j \rangle_{\perp} = \frac{\beta}{r^2} \tag{4.28}$$

对于后者 $\langle \Delta s_{\mathrm{vortex}}^i \Delta s_{\mathrm{vortex}}^j \rangle$ 要稍微复杂一些。我们按颗粒间距 r 大小不同的情况来讨论：如果两个颗粒间距 r 足够大 (大于图片的半径 L)，则大多数情况下两颗粒总是分处在涡旋中心的两侧。此时涡旋流引起的这两个颗粒的漂移方向总是基本相反，使得两颗粒由涡旋流贡献的互关联位移 $\langle \Delta s_{\mathrm{vortex}}^i \Delta s_{\mathrm{vortex}}^j \rangle < 0$。并且颗粒间距越大，颗粒处于图片边缘的概率越高，则涡旋流位移 $\Delta s_{\mathrm{vortex}}^i$ 的数值越大。因此两个颗粒间距 r 很大时，$\langle \Delta s_{\mathrm{vortex}}^i \Delta s_{\mathrm{vortex}}^j \rangle$ 的绝对值随颗粒间距增长而迅速增大，有

$$\langle \Delta s_{\mathrm{vortex}}^i \Delta s_{\mathrm{vortex}}^j \rangle \sim \langle \omega R^i \tau \cdot \omega R^j \tau \rangle = \omega^2 \tau^2 \langle R^i \cdot R^j \rangle \tag{4.29}$$

如果颗粒连线穿越涡旋中心，则有 $|R^i| + |R^j| = r$。再考虑如果颗粒在中心左右对称分布，则有 $|R^i| = |R^j|$，使得

$$\langle \Delta s^i_{\text{vortex}} \Delta s^j_{\text{vortex}} \rangle \sim -\omega^2 r^2 \tag{4.30}$$

当颗粒间距 r 很大时，$\langle \Delta s^i_{\text{vortex}} \Delta s^j_{\text{vortex}} \rangle$ 倾向于与颗粒间距 r 的 2 次方成正比。因此对于公式 (4.27)、(4.28) 和 (4.30)，当两个颗粒间距 r 很大时，有

$$C^{ij}_\parallel \sim \frac{\alpha}{r} - \kappa_\parallel \omega r^2 \tag{4.31}$$

$$C^{ij}_\perp \sim \frac{\beta}{r^2} - \kappa_\perp \omega r^2 \tag{4.32}$$

其中的 $\alpha, \beta, \kappa_{\parallel,\perp}$ 为有效系数。以上由公式 (4.31) 和 (4.32) 可知，当两个颗粒间距 r 很大时，互关联位移 C^{ij} 主要是由 $\langle \Delta s^i_{\text{vortex}} \Delta s^j_{\text{vortex}} \rangle$ 贡献，并且此时会有 $C^{ij} < 0$。所以测量得到的 C^{ij} 值的正负可以作为空间中是否有涡旋流 (或剪切流) 的判据，因为对于静止无限或半无限流体，总有 $C^{ij} > 0$。

如果两个颗粒间距 r 足够小 (远小于颗粒图片的半径 L)，那么大多数情况下两颗粒总是处在涡旋中心的同侧并且彼此靠近。此时涡旋流引起的这两个颗粒漂移位移总是基本接近，$\Delta s^i_{\text{vortex}} \approx \Delta s^j_{\text{vortex}}$，则两颗粒涡旋流贡献的互关联位移：

$$\langle \Delta s^i_{\text{vortex}} \Delta s^j_{\text{vortex}} \rangle_{r \ll L} \approx \langle (\Delta s^i_{\text{vortex}})^2 \rangle_{r \ll L} > 0 \tag{4.33}$$

当两个颗粒间距 r 很小时，$\langle \Delta s^i_{\text{vortex}} \Delta s^j_{\text{vortex}} \rangle$ 总为正值。此时涡旋流的存在倾向于使得互关联位移 C^{ij} 的测量值增大。而在颗粒间距 r 处于中间区域时，颗粒对处于涡旋中心同侧和处于中心两侧的概率相仿，使得 $\Delta s^i_{\text{vortex}} \Delta s^j_{\text{vortex}}$ 乘积为正和负的概率相近，有 $\langle \Delta s^i_{\text{vortex}} \Delta s^j_{\text{vortex}} \rangle_{r \sim 0.5L} \sim 0$，此时涡旋流的存在对这个尺度上颗粒对之间的互关联位移 C^{ij} 的测量值影响很小。

总结一下：对于颗粒间距较近的颗粒对 $(r \ll L)$，涡旋流使得这些颗粒对的互关联位移 C^{ij} 的测量值增大。对于颗粒间距中等的颗粒对 $(r \sim 0.8L)$，涡旋流对这些颗粒对的互关联位移 C^{ij} 的测量值影响很小。对于颗粒间距较远的颗粒对 $(r > L)$，涡旋流使得这些颗粒对的互关联位移 C^{ij} 的测量值减小，直至为负值。

下面的问题是如何定量计算给定涡旋流的 $\langle \Delta s^i_{\text{vortex}} \Delta s^j_{\text{vortex}} \rangle$。

4.2.2　定量计算涡旋流引起的互关联位移

在给定涡旋流的 ω 后，空间中任何一点的涡旋流流速都是确定的。假设颗粒在空间中均匀分布，则我们可根据涡旋流流场分布严格计算 $\langle \Delta s^i_{\text{vortex}} \Delta s^j_{\text{vortex}} \rangle$。为了方便起见，我们设定颗粒的拍摄图片为圆形，如图 4.11 所示。

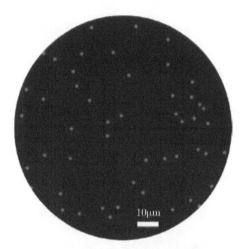

图 4.11 圆形 silica 颗粒单层的图片

图片半径为 $L = 51.2\mu m$, 颗粒直径 $2\mu m$

我们以计算涡旋流 $C^{ij}_{\text{vortex},\perp}$ 引起的垂直质心连线方向互关联位移为例, 根据定义有

$$C^{ij}_{\text{vortex},\perp} = \left\langle \Delta s^i_{\text{vortex},\perp} \Delta s^j_{\text{vortex},\perp} \right\rangle \tag{4.34}$$

其中 $\Delta s^i_{\text{vortex}}$ 为由涡旋流引起的颗粒 i 的位移。$\Delta s^i_{\text{vortex},\perp}$ 为 $\Delta s^i_{\text{vortex}}$ 的分量 (垂直于 i, j 颗粒质心连线方向的分量, 用下标 $\perp$ 表示, 称为垂直分量)。在涡旋流中, 颗粒 i 的位移 $\Delta s^i_{\text{vortex}}$ 是颗粒 i 空间坐标 (x_i, y_i) 的函数。而其垂直分量是两颗粒坐标 (x_i, y_i, x_j, y_j) 的函数。为了方便计算颗粒 i, j 的 $\Delta s^i_{\text{vortex},\perp}$ 和 $\Delta s^j_{\text{vortex},\perp}$, 我们把实验坐标系 (x, y) 转换为新的坐标系 (x', y'), 如图 4.12 所示。新坐标系的横轴 x' 沿颗粒 i, j 的质心连线方向 (图上记为 $\parallel$ 方向), y' 为垂直颗粒 i, j 的质心连线方向 (图上记为 $\perp$ 方向)。新坐标系的原点为涡旋流的中心。新坐标系下的颗粒坐标 (x', y') 和原坐标 (x, y) 之间的转换关系为

$$\begin{aligned} x'_i &= (x_i - L)\cos\theta + (y_i - L)\sin\theta \\ y'_i &= (y_i - L)\cos\theta - (x_i - L)\sin\theta \end{aligned} \tag{4.35}$$

其中 L 为图片半径。θ 为 x' 与 x 之间夹角。

新坐标系下颗粒 (i, j) 在 y' 轴上的速度分量为

$$\begin{aligned} v^i_\perp &= -\omega x'_i \\ v^j_\perp &= -\omega(x'_i + r) \end{aligned} \tag{4.36}$$

其中 r 为颗粒 i, j 之间的距离; ω 为涡旋流角速度。

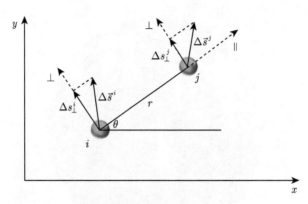

图 4.12　实验室坐标系转换为颗粒 i, j 的坐标系

我们需要计算图片中全部颗粒间距为 r 的颗粒对的互关联位移 $C_{\text{vortex},\perp}^{ij}$。当颗粒对间距 r 和颗粒取向 θ 确定后，颗粒 i 在图中所能取的位置是有限制的，如图 4.13 所示。

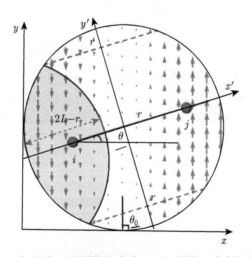

图 4.13　当颗粒对 (i, j) 间距为 r 和颗粒取向为 θ 时，颗粒 i 在空间的可能位置如左侧圆点的纺锤形区域所示

该区域的右边界与圆形图片的右边界距离为 r (出自参考文献 [15])

图中左下角纺锤形区域是允许颗粒 i 占据的位置：如果颗粒 i 超出这个区域，则颗粒 j 将落在圆形区域外。这个允许区域的面积我们定义为 M

$$M = \int_{-\sqrt{L^2 - \left(\frac{r}{2}\right)^2}}^{\sqrt{L^2 - \left(\frac{r}{2}\right)^2}} \int_{-\sqrt{L^2 - y_i'^2}}^{-\left(r - \sqrt{L^2 - y_i'^2}\right)} \mathrm{d}x_i' \mathrm{d}y_i'$$

$$= 2L^2 \arctan\left(\frac{\sqrt{4L^2 - r^2}}{r}\right) - \frac{1}{2}r\sqrt{4L^2 - r^2} \qquad (4.37)$$

此处 $0 < r < 2L$。如果颗粒在空间平均分布，则处于该区域颗粒 i 的数目 (也就是颗粒对 (i,j) 的数目) 正比于区域面积 M，则在时间间隔 τ 内这些颗粒对的互关联位移的平均值 $C_{\text{vortex},\perp}$ (忽略常比例系数) 为

$$C_{\text{vortex},\perp} = \left(\tau \int_{-\sqrt{L^2 - \left(\frac{r}{2}\right)^2}}^{\sqrt{L^2 - \left(\frac{r}{2}\right)^2}} \int_{-\sqrt{L^2 - y_i'^2}}^{-\left(r - \sqrt{L^2 - y_i'^2}\right)} v_\perp^i v_\perp^j \, \mathrm{d}x_i' \mathrm{d}y_i'\right) \Big/ M \qquad (4.38)$$

由公式 (4.37) 和 (4.38) 可得角速度为 w 的涡旋流贡献的互关联位移 $C_{\text{vortex},\perp}$ 为

$$C_{\text{vortex},\perp}(r,w) = \frac{w^2 \left[\sqrt{4L^2 - r^2}\left(26rL^2 - 5r^3\right) - 24L^4 \arctan\left(\frac{\sqrt{4L^2 - r^2}}{r}\right)\right]}{24 \left[r\sqrt{4L^2 - r^2} - 4L^2 \arctan\left(\frac{\sqrt{4L^2 - r^2}}{r}\right)\right]}$$

$$(4.39)$$

此处 $0 < r < 2L$。$C_{\text{vortex},\perp}$ 是颗粒对 (i,j) 间距 r 的函数。

实际测量中得到的 $C_\perp(r,w)$ 是颗粒自身运动的互关联位移 $C_{\text{B},\perp}$ 与涡旋流贡献的结果之和，有

$$C_\perp(r,w) = \frac{\beta}{r^\alpha} + C_{\text{vortex},\perp}(r,w) \qquad (4.40)$$

虽然公式 (4.39) 和 (4.40) 是对取向为 θ 的颗粒对计算的结果，但由涡旋流的旋转对称性所致，最后的计算结果与颗粒对取向角 θ 无关。这个结论与实际的测量结果相一致 (图 4.14)。在给定涡旋流下，对颗粒间隔 72.2μm 的颗粒对测量计算垂直互关联 $C_\perp(\theta)$。可见 $C_\perp(\theta)$ 的两个特征：测量值与 θ 无关；测量平均值为负值。说明在 72.2μm 的颗粒间隔上，由涡旋流引起颗粒对的位移垂直分量是反向的。考虑到图片半径为 51.2μm (小于颗粒间距 72.2μm)，对于中心对称的涡旋流，测量平均值为负值的结果是合理的。

最后实验测量各个颗粒间距下的垂直互关联位移 $C_\perp(r)$。结果如图 4.15 中的数据点所示。在颗粒间距靠近图片半径 L 附近时，$C_\perp(r)$ 的数值逐渐开始变为负数。图中的实线是按照公式 (4.39) 和 (4.40) 拟合的结果。通过拟合参数最终可得到涡旋流的角速度 $w = 0.02\text{rad/s}$。

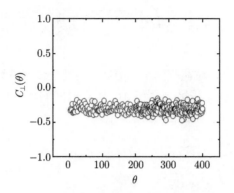

图 4.14   实验上测量图 4.11 中涡旋流下给定颗粒间隔的垂直互关联 $C_\perp(\theta)$

颗粒对间距为 72.2μm

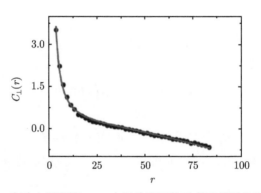

图 4.15   实验上测量图 4.11 中涡旋流下的垂直互关联位移 $C_\perp(r)$

实线是公式 (4.39) 和 (4.40) 的拟合结果 (出自参考文献 [13])

以上的计算对于圆形图片非常方便。如果是对于更常见的方形图片，情况会比较复杂。此时空间旋转对称性被打破，所得的互关联除了是颗粒对距离的函数，还是颗粒对取向角的函数。按照角度取向 (落在不同范围时)，互关联结果 $C_{\text{vortex},\perp}$ 对应以下公式：

$$C_{\text{vortex},\perp} = \frac{1}{48}\omega^2[16L^2 - 9r^2 + K_1 \cdot L \cdot r \cdot \cos\theta + K_2 \cdot L \cdot r \cdot \cos(3\theta)$$
$$+ r^2 \cdot \cos(4\theta) + K_3 \cdot L \cdot r \cdot \sin\theta + K_4 \cdot L \cdot r \cdot \sin(3\theta)] \qquad (4.41)$$

当 $0 < \theta < \pi/2$ 时，取 $K_1 = -12, K_2 = -4$; $K_1 = -12, K_2 = 4$。

当 $\pi/2 < \theta < \pi$ 时，取 $K_1 = 12, K_2 = 4$; $K_1 = -12, K_2 = 4$。

当 $\pi < \theta < 3\pi/2$ 时，取 $K_1 = 12, K_2 = 4$; $K_1 = 12, K_2 = -4$。

当 $3\pi/2 < \theta < 2\pi$ 时，取 $K_1 = -12, K_2 = -4$; $K_1 = 12, K_2 = -4$。

因此要对不同颗粒对取向角的情况选用各自相对应的参数代入上述公式，对测量结果加以拟合得到涡旋流的角速度。

4.3　通过互关联扩散计算剪切流

本节介绍如何通过互关联扩散计算系统中的剪切流。如果体系中存在如图 4.16 所示的中心对称剪切流 $\vec{v}_{\mathrm{shear}}$。首先定义流场中流速为零的流线为剪切流的对称轴。确定这个剪切流场需要两个特征量：对称轴的取向角 (称剪切角) θ_0 和剪切率 ω。其中剪切角 θ_0 定义为流场对称轴和实验室坐标中水平轴的夹角，如图所示。剪切率 ω 定义为垂直对称轴连线的两点的流速差除以两点间的直线距离。因此给定 θ_0 和 ω 之后，空间任何一点的流速都可以根据该点坐标位置 x,y 来唯一确定。

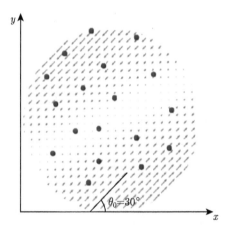

图 4.16　剪切角 $\theta_0 = 30°$ 的剪切流示意图

图中圆点为示意颗粒位置，箭头方向代表剪切流方向，箭头长度代表剪切流大小

存在剪切流的情况下，颗粒的位移 Δs^i 由自身运动产生的位移 $(\Delta s_{\mathrm{B}}^i)$ 与漂移运动产生的位移 $(\Delta s_{\mathrm{shear}}^i)$ 两部分组成，即 $\Delta s^i = \Delta s_{\mathrm{B}}^i + \Delta s_{\mathrm{shear}}^i$。因此和涡旋流的情况类似，对于所有间距为 r 的颗粒对计算其平均的互关联扩散有

$$
\begin{aligned}
C^{ij} = \langle \Delta s^i \Delta s^j \rangle &= \langle \left(\Delta s_{\mathrm{B}}^i + \Delta s_{\mathrm{shear}}^i \right) \left(\Delta s_{\mathrm{B}}^j + \Delta s_{\mathrm{shear}}^j \right) \rangle \\
&= \langle \Delta s_{\mathrm{B}}^i \Delta s_{\mathrm{B}}^j \rangle + \langle \Delta s_{\mathrm{shear}}^i \Delta s_{\mathrm{shear}}^j \rangle
\end{aligned}
\tag{4.42}
$$

此时测量得到的颗粒互关联位移 C^{ij} 包括完全分开的两项 $\langle \Delta s_{\mathrm{B}}^i \Delta s_{\mathrm{B}}^j \rangle$，$\langle \Delta s_{\mathrm{shear}}^i \Delta s_{\mathrm{shear}}^j \rangle$，分别由颗粒自身运动位移和剪切流流场的位移贡献。

如果两个颗粒间距 r 足够大 (大于图片的半径 L)，两颗粒有很大概率分处在剪切对称轴的两侧。剪切流引起的这两个颗粒的漂移方向刚好相反 (漂移流速度的绝对值正比于颗粒离开对称轴的垂直距离)。此时两颗粒由剪切流贡献的互关联位移的 $\langle \Delta s_{\text{shear}}^i \Delta s_{\text{shear}}^j \rangle < 0$。根据公式 (4.42)，对于颗粒间距比较大的互关联位移有 $C^{ij} < \langle \Delta s_{\text{B}}^i \Delta s_{\text{B}}^j \rangle$。同时如果两个颗粒间距 r 足够小，使得大多数情况下两颗粒处在对称轴同侧，则剪切流引起的这两个颗粒的漂移方向相同。根据公式 (4.42)，对于颗粒间距小的互关联位移有 $C^{ij} > \langle \Delta s_{\text{B}}^i \Delta s_{\text{B}}^j \rangle$。

因此漂移流对互关联扩散曲线随颗粒间距 r 的测量曲线的修正结果：在颗粒间距很大的地方，$C_\perp = \langle \Delta s_{\text{B}}^i \Delta s_{\text{B}}^j \rangle = \dfrac{1}{r^2}$ (无漂移流) 趋势会倾向于变成 $C_\perp = \dfrac{1}{r^\alpha}$ ($\alpha > 2$，代表有反向流动)。这种剪切流的修正随颗粒对间距增大而增强。因为颗粒间距越大，颗粒对的位置离剪切流的对称轴越远 (特别是颗粒间距接近图片直径时)。对应于该处颗粒的位移 $\Delta s_{\text{shear}}^i$ 越大，最后的统计结果 $\langle \Delta s_{\text{shear}}^i \Delta s_{\text{shear}}^j \rangle$ 的绝对值也越大，此时剪切流的效果越明显，表现在 $C_\perp$ 的测量曲线上就是横轴 r 右侧曲线会下落得更陡峭。同样对于颗粒对很近的情况，有 $\Delta s_{\text{shear}}^i \approx \Delta s_{\text{shear}}^j$，此时 $\langle \Delta s_{\text{shear}}^i \Delta s_{\text{shear}}^j \rangle \sim \langle (\Delta s_{\text{shear}}^i)^2 \rangle > 0$。随着颗粒对靠近，剪切流的修正也越来越明显。

为了计算颗粒间的互关联位移，类似图 4.13，首先把实验室坐标系转化为颗粒质心连线坐标系。变换公式同公式 (4.35)。在新坐标系 (x', y') 中，颗粒对 i, j 在垂直颗粒质心连线方向上剪切流引起的运动速度方向分量为

$$v_{\text{shear},\perp}^i = \omega \cdot \sin(\theta - \theta_0)\{(x_i' - y_i')\sin(\theta_0 - \theta) + y_i'[\sin(\theta_0 - \theta) - \cos(\theta_0 - \theta)]\}$$
$$v_{\text{shear},\perp}^j = \omega \cdot \sin(\theta - \theta_0)\{y_i'[\sin(\theta_0 - \theta) - \cos(\theta_0 - \theta)]$$
$$+ (x_i' - y_i')\sin(\theta_0 - \theta) + r \cdot \sin(\theta_0 - \theta)\} \tag{4.43}$$

其中 θ 表示颗粒直线质心连线方向。$\Delta\theta = \theta - \theta_0$ 可定义为颗粒连线方向与对称轴方向的夹角。

同样，对于间距一定的颗粒对，颗粒的位置如前面图 4.12 所示，其积分面积 M 亦如公式 (4.37)，则间隔时间 τ 内剪切流引起的颗粒对 i, j 的互关联位移为

$$C_{\text{shear}} = \tau \int_{-\sqrt{L^2 - \left(\frac{r}{2}\right)^2}}^{\sqrt{L^2 - \left(\frac{r}{2}\right)^2}} \int_{-\sqrt{L^2 - y_i'^2}}^{-\left(r - \sqrt{L^2 - y_i'^2}\right)} v^i v^j \, \mathrm{d}x_i' \mathrm{d}y_i' \tag{4.44}$$

积分可得

$$C_{\text{shear},\perp}(r, \omega, \Delta\theta) = \tau \frac{\omega^2 \sin^2(\Delta\theta)}{24\left[r\sqrt{4L^2 - r^2} - 4L^2 \arctan\left(\dfrac{\sqrt{4L^2 - r^2}}{r}\right)\right]}$$

$$\times \left\{ \sqrt{4L^2 - r^2}[18L^2r - 3r^3 - (8L^2r - 2r^3)\cos(2\Delta\theta)] \right.$$

$$\left. -24L^4 \arctan\left(\frac{\sqrt{4L^2 - r^2}}{r}\right) \right\} \tag{4.45}$$

此处 $\Delta\theta = \theta - \theta_0$；$r$ 为颗粒间距，有 $0 < r < 2L$；ω 为剪切流的剪切率。与涡旋流最大的不同在于颗粒对的互关联位移是颗粒对取向 θ 的函数。

按照公式 (4.45)，在给定剪切流 ω 下，$C_{\mathrm{shear},\perp}$ 是颗粒间距和颗粒对取向角 (r, θ) 的函数。可以画出 $C_{\mathrm{shear},\perp}(r, \theta)$ 的三维图，如图 4.17 所示。可见在给定颗粒间距情况下，$C_{\mathrm{shear},\perp}(\theta)$ 均呈现明显振荡，并且振荡的幅度随颗粒间距的增加而增加。从 $C_{\mathrm{shear},\perp}(\theta)$ 的极值处可以判断剪切流的取向角，两者相差 1.57rad。由此算得不同间距 r 及给定剪切率下 $C_{\mathrm{shear},\perp}(\Delta\theta)$ 的曲线。

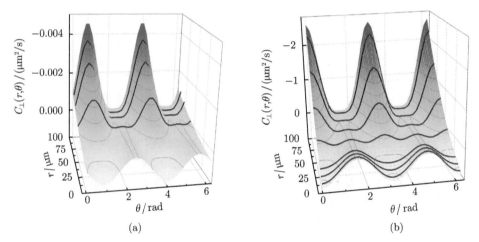

(a)　　　　　　　　　　　　　　　(b)

图 4.17　(a) 剪切速率为 0.006rad/s，剪切流取向角 $\theta_0 = 2.4$rad 时，根据公式 (4.45) 绘制的 $C_{\mathrm{shear},\perp}(r, \theta)$ 三维图

三条实线表示的是颗粒间距为 90.0μm，80.0μm，60.0μm (从上到下) 处截面曲线 (分别对应于图 4.19(b) 中的 3 条曲线)。(b) 剪切速率为 0.132rad/s，剪切流取向角 $\theta_0 = 1.57$rad 时的 $C_{\mathrm{shear},\perp}(r, \theta)$ 三维图。7 条实线表示的是颗粒间距 92.00μm，76.00μm，57.00μm，38.00μm，17.00μm，9.50μm 和 4.75μm (从上到下) 处截面曲线 (分别对应于 4.18(c) 中的 7 条曲线) (出自参考文献 [15])

图 4.18 显示了数值模拟和理论的比较。数值模拟预设产生不同剪切速率和取向角的剪切流，在流场中随机生成粒子位置，统计计算不同颗粒间隔下垂直方向的互关联扩散结果。

将统计计算结果用公式 (4.45) 拟合，拟合参数为剪切速率和取向角。把拟合结果与预设结果相比较，彼此符合。从图中可见，给定颗粒间距 r 的 $C_{\mathrm{shear},\perp}(\theta)$ 是颗

粒对取向角的周期函数。按照颗粒对关联位移的定义，当颗粒对的取向与剪切流取向平行时，颗粒对沿垂直方向的速度分量为零，所以此时有 $C_{\text{shear},\perp}(\theta = \theta_0) = 0$。当颗粒对的取向与剪切流取向垂直时，颗粒对沿垂直方向的速度分量最大，所以 $C_{\text{shear},\perp}\left(\Delta\theta = \dfrac{\pi}{2}\right)$ 有极值。如图 4.18(b)、(c) 所示 $C_{\text{shear},\perp}$ 取最大值和零的两个值对应的角度位置的确是相差 $\pi/2$。因此从 $C_{\text{shear},\perp}(\theta)$ 曲线图上就可以直接读出剪切流取向角。

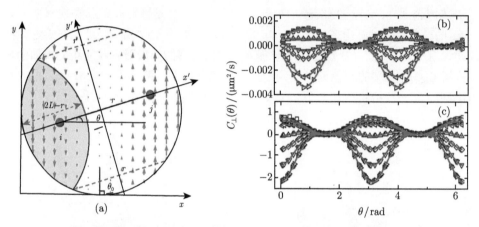

图 4.18   (a) 取向角为 $\pi/2$ 的剪切流示意图。(b)，(c) 不同间距下的颗粒对在剪切流中垂直方向上互关联扩散随颗粒间距的变化曲线。其中 (b) 剪切流的剪切速率为 0.006rad/s，取向角为 2.4rad。从下到上颗粒间距 r 分别为 90μm，80μm，54μm，42μm，25μm，10μm。(c) 剪切速率为 0.132rad/s，取向角为 1.57rad。从下到上颗粒间距分别为 92μm，76μm，57μm，38μm，17μm，9.5μm，4.75μm。图中数据点是数值模拟结果，曲线是公式的拟合结果 (出自参考文献 [15])

让我们重述一下，这个方法如何检查并计算实验系统中存在的剪切流。首先实验上减去定向漂移流，这可以用平均平方位移法完成。当漂移流存在时，这一步相当于把剪切流的中心平移到图片的几何中心。实验上发现颗粒的互关联扩散曲线在颗粒相距很远处下降得很快，超过 $1/r^2$ 的衰减速率，如图 4.19(a) 中实心点所示：图中曲线右端的衰减其实是符合 $1/r^5$ 的变化规律的，说明可能存在剪切流或者涡旋流。计算不同间距下颗粒对的互关联扩散随颗粒对取向角的变化曲线 $C_\perp(\theta)$。实验结果如图 4.19(b) 中黑点所示，这里颗粒间距分别取 $r = 90$μm，80μm，60μm。发现 $C_\perp(\theta)$ 呈周期振荡变化，并且颗粒间距越大的曲线，整体越向负值靠近，说明空间存在剪切流。

根据公式 (4.42) 和 (4.45)，给定距离下颗粒对的互关联扩散随颗粒对取向角的变化曲线 $C_\perp(\theta)$ 满足

$$C_\perp = C_{B,\perp}(r) + C_{shear,\perp}(r, \omega, \Delta\theta)$$

$$= \frac{C_0}{r^2} + \frac{\omega^2 \sin^2(\Delta\theta)}{24\left[r\sqrt{4L^2 - r^2} - 4L^2 \arctan\left(\frac{\sqrt{4L^2 - r^2}}{r}\right)\right]}\left\{\sqrt{4L^2 - r^2}\right.$$

$$\left. \times [18L^2 r - 3r^3 - (8L^2 r - 2r^3)\cos(2\Delta\theta)] - 24L^4 \arctan\left(\frac{\sqrt{4L^2 - r^2}}{r}\right)\right\}$$

$$(4.46)$$

式中，$\Delta\theta = \theta - \theta_0$。将图 4.19(b) 中的测量结果用公式 (4.46) 拟合，拟合参数为 C_0, ω, θ。拟合曲线如图 4.19(b) 中的实线所示。

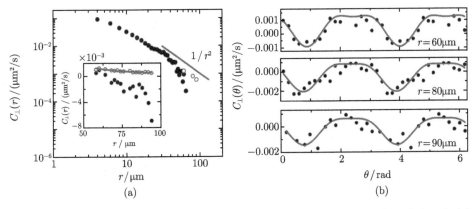

图 4.19   (a) 颗粒对的互关联扩散 $C_\perp(r)$ 曲线。实心点为实验结果。主图中 3 个空心点为把剪切流位移去掉后 $r = 60\mu m$, $80\mu m$, $90\mu m$ 处 $C_\perp(r)$ 数据点的修正结果。插图是 $r \in (50\mu m,$ $100\mu m)$ 区间范围内的放大图：实心点为实验结果；空心点为把剪切流位移去掉后 $C_\perp(r)$ 的修正结果。(a), (b) 数据点为不同间距下剪切流中垂直方向上互关联扩散 $C_\perp(\theta)$ 的测量结果。从下到上颗粒间距 r 分别为 $90\mu m$, $80\mu m$, $60\mu m$。图中实线是公式的拟合结果 (出自参考文献 [15])

可以根据 C_0, ω, θ 的拟合值得到最后的结果，最后得到剪切速率为 0.0057rad/s。这是一个出乎意料的微弱剪切流的结果。以颗粒位置处于图片边缘附近为例，令 $R = 50\mu m$，由剪切速率的定义 $\omega = \dfrac{\Delta v}{R}$，对应的剪切流速是 $\Delta v = 0.29\mu m/s$。实验中的每张图片的时间间隔是 0.06s 左右，则所修正的剪切流位移为 $\Delta s = \Delta v \cdot \tau \approx 17nm$。如果对于更靠近图片中心的颗粒 $R = 5\mu m$，则所修正的剪切流位移为 $\Delta s \approx 1.7nm$。对于普通的光学显微镜而言，这样的修正精度远远超出其光学分辨极限 $200 \sim 300nm$，是直接计算颗粒平均位移远不能达到的。

　　以上的计算对于圆形图片非常方便。如果是对于方形图片，情况会比较复杂：公式 (4.45) 要按照角度取向分成不同区域来计算，不同角度范围的速度互关联结果分别为以下公式中参数的不同取值：

$$C_{\mathrm{shear},\perp}(r,\omega,\Delta\theta)$$
$$= \tau(\omega^2/24)\sin^2(\theta - \theta_0)[8L^2 - 2r^2 + 2r^2\cos(2\theta)\cos(2\theta_0)$$
$$+ K_1\,Lr\cos(\theta_0)\sin^2(\theta) + K_2 Lr\cos^2(\theta)\sin(\theta_0) + 3\,r^2\sin(2\theta)\sin(2\theta_0)] \quad (4.47)$$

当 $0 < \theta < \pi/2$ 时，取 $K_1 = -8, K_2 = -8$。
当 $\pi/2 < \theta < \pi$ 时，取 $K_1 = 8, K_2 = -8$。
当 $\pi < \theta < 3\pi/2$ 时，取 $K_1 = 8, K_2 = 8$。
当 $3\pi/2 < \theta < 2\pi$ 时，取 $K_1 = -8, K_2 = 8$。

　　对不同颗粒对取向角的情况要选用各自相对应的参数代入上述公式，对测量结果加以拟合得到剪切流的取向和剪切速率。

　　小结：一般来说从平均位移法和自扩散的方法都能够估算体系中的稳定漂移流。但是如果空间各处的流速不同，并且流场中心对称，那么这两种方法就不适用了。本章主要介绍一个技术方法 —— 如何根据互关联扩散计算界面上微小的剪切流和涡旋流。这种方法利用了互关联扩散随颗粒间距迅速减小的原理，可以很高效地提取剪切流和涡旋流和贡献，并通过解析式将其计算出来。事实上，通过大量的统计，利用噪声扰动的平均结果，这种方法可以识别纳米数量级左右的剪切流和涡旋流位移，远超出光学显微镜的分辨率。

参 考 文 献

[1] Cosgrove T. Colloid Science Principles Methods and Applications(Second Edition). United Kingdom: John Wiley & Sons Ltd, 2010.

[2] Haw M D. Colloidal suspensions, Brownian motion, molecular reality: a short history. J. Phys.: Condens. Matter, 2002: 14(33), 7769-7779.

[3] 陆坤权, 刘寄星. 软物质物理学导论. 北京: 北京大学出版社, 2006.

[4] 陈唯, 李娜. 利用示踪粒子的关联扩散计算液体表面漂移运动方法: 中国, CN2015-10925318.5. 2016.

[5] Zhang W, Chen S, Li N, et al. Correlated diffusion of colloidal particles near a liquid-liquid interface. PLoS One, 2014, 9(1): e85173.

[6] Cui B, Diamant H, Lin B, et al. Anomalous hydrodynamic interaction in a quasi-two-dimensional suspension. Phys. Rev. Lett., 2004, 92(25Pt1): 258301.

[7] Dufresne E R, Squieres T M, Brenner M P, et al. Hydrodynamic coupling of two Brownian spheres to a planar surface. Physical Review Letters, 2000, 85(15): 3317-

3320.

[8] Crocker J C, Nalentine M T, Vleeks E R, et al. Two-point microrheology of inhomo-geneous soft materials. Phys. Rev. Lett., 2000, 85(4): 888-891.

[9] Prasad V, Koehler S A, Weeks E R. Two-particle microrheology of quasi-2D viscous systems. Phys. Rev. Lett., 2006, 97(17): 176001.

[10] Zhang W, Chen S, Li N, et al. Universal scaling of correlated diffusion of colloidal particles near a liquid-liquid interface. Applied Physics Letters, 2013, 103(15): 154102.

[11] Zhang W, Li N, Bohinc K, et al. Universal scaling of correlated diffusion in colloidal monolayers. Phys. Rev. Lett., 2013, 111(16): 168304.

[12] Dufresne E R, Squires T M, Brenner M P, et al. Hydrodynamic coupling of two brownian spheres to a planar surface. Physical Review Letters, 2000, 85(15): 3317-3320.

[13] 李娜, 近液–液界面单层胶体颗粒单层中流体动力学作用研究. 复旦大学博士学位论文, 2018.

[14] 陈唯, 李娜. 利用颗粒间关联扩散测量界面流体系统中剪切流或涡旋流的方法: 中国, CN201510925292.4. 2016.

[15] Li N, Zhang W, Jiang Z, et al. Spatial cross-correlated diffusion of colloids under shear flow. Langmuir, 2018, 34: 10537-10542.

第 5 章　自驱动粒子的自扩散和噪声涨落

传统胶体颗粒的运动都来自于热涨落的驱动,这类体系下耗散和驱动同源 [1-4]。颗粒彼此之间通过热力学相互作用或者流体力学相互作用耦合起来从而改变颗粒的运动模式 [5-8]。实验上的逻辑是由果推因:通过测量胶体颗粒的空间分布或者运动涨落来得到颗粒间相互作用的基本特征。当颗粒间的相互作用受到各种因素的调节 (各类外场、各类边界) 时,所有这些调节都会在胶体空间分布或运动中表现出来 [1,9-13]。对于热涨落驱动下的胶体颗粒动力学研究是比较完善的 [14]。一般总是可以假设热涨落是白噪声。这个假设在相当宽的频谱范围内总是成立的。实际中可以通过测量胶体颗粒的速度关联是否为 e 指数衰减和位移涨落是否服从高斯分布等关系来判别。理论上可以通过各类外场下的朗之万方程 [15-21] 求得颗粒的运动模式与实验进行比较。

最近兴起的关于内部自驱动的粒子的研究和传统的热平衡态下的胶体颗粒体系理论上都有较大差异 [22-24]。每种粒子的运动都具体依赖于自驱动的模式。目前有两大类自驱动物质:一种是所谓的双面颗粒。最常见的结构颗粒两侧表面覆盖不同的材质。其中一侧表面能和溶液发生催化反应。最常见的比如铂可以催化 H_2O_2。若一侧镀有铂的颗粒放在双氧水中,则在颗粒的铂表面一侧有更多氧分子产生,两侧产生的压力差可推动颗粒 [25-27]。而对于金铂或金镍组成的微粒,在 H_2O_2 中形成微化学电池。氢离子在铂 (镍) 端生成,金端耗尽。氢离子的流动引起微粒的运动 [28,29]。由于颗粒同时有布朗旋转,所以颗粒的自驱动方向存在随机变化,从而产生自驱动粒子的随机行走 [30,31]。还有其他机制,如光催化、热驱动、表面张力驱动等 [32-37]。这类粒子统称为活性粒子 (active particle)。近年来对各种条件下活性粒子的研究为软物质研究的最前沿领域 [24,31,38-42]。另外一类则是在生物物理体系的研究中衍生而来的,常见的研究对象是细胞或者细菌,主要以大肠杆菌或者黏菌居多。前者通过身体两侧的鞭毛旋转产生推动力,后者通过伪足在湿润表面上迁移。在物理图像上,黏菌的运动 (伪足的伸展) 是通过细胞骨骼的搭建完成的。细胞运动中的细胞骨骼不停地搭建和拆解对应于胶体颗粒布朗运动中的热涨落驱动 [43,44]。我们主要以细胞运动为例,介绍如何从自驱动运动轨迹的实验数据出发,根据广义朗之万方程理论分析细胞的速度涨落和内部噪声的通用方法。

5.1 活性粒子的自扩散行为

我们把胶体分为被动粒子和活性粒子。两者的物理区别在于前者只是靠液体分子的热涨落驱动，而后者有自我驱动机制。自我驱动使得活性粒子有比较稳定的速率 (当驱动力等于斯托克斯力时)。粒子的布朗旋转使得这种驱动在空间是不定向的。我们写出一个二维运动的活性粒子的运动方程：

$$
\begin{aligned}
\dot{x} &= v\cos\varphi + \sqrt{2D_{\mathrm{T}}}\,\Gamma_x \\
\dot{y} &= v\sin\varphi + \sqrt{2D_{\mathrm{T}}}\,\Gamma_y \\
\dot{\varphi} &= \sqrt{2D_{\mathrm{R}}}\,\Gamma_\varphi
\end{aligned}
\tag{5.1}
$$

式中，v 是颗粒的驱动速度；φ 是颗粒的取向；D_{T} 是粒子的平动扩散系数；D_{R} 是粒子的旋转扩散系数；Γ_x 是热涨落。此处已经忽略了质量惯性项。和之前单纯描述平动运动的朗之万方程相比，有两个重要的区别 ① 颗粒有固有速度 v；② 要考虑颗粒的转动 D_{R}。

按照平动扩散系数的定义，颗粒的转动扩散系数 D_{R} 应是颗粒的平方平均取向角度随时间的变化率。因为角度是无量纲量，因此 D_{R} 的量纲是 $1/\mathrm{s}$。完整的表达写作

$$
D_{\mathrm{R}} = \tau_{\mathrm{R}}^{-1} = \frac{k_{\mathrm{B}}T}{8\pi\eta a^3}
\tag{5.2}
$$

所以转动的扩散系数 D_{R} 本质上对应活性粒子的特征旋转时间 τ_{R}。很自然，活性粒子的动力学行为是 D_{R}、D_{T}、v 三者竞争的结果。可以想象，因为有 v 的存在，在 $t < \tau_{\mathrm{R}}$ 时间内 (颗粒还没有遗忘掉初始运动方向)，颗粒的位移平均值 $\langle x(t)\rangle$ 不会为零。而当 $t \gg \tau_{\mathrm{R}}$ 时，颗粒会回到纯粹扩散行为，会有 $\langle x(t)\rangle = 0$。但是同样由于 v 的存在，纯粹扩散行为的等效扩散系数会增强。公式 (5.1) 具体的解是

$$
\langle x(t)\rangle = v\tau_{\mathrm{R}}[1 - \exp(-t/\tau_{\mathrm{R}})]
\tag{5.3}
$$

由此可以定义活性粒子的轨迹特征取向长度 $l_{\mathrm{p}} = v\tau_{\mathrm{R}}$。在这个长度之内颗粒的运动方向保留。根据 D_{R}、D_{T}、v，我们可以定义一个无量纲参数 Pe 来刻画活性粒子定向运动和随机运动的竞争程度

$$
Pe = \frac{v}{\sqrt{D_{\mathrm{R}}D_{\mathrm{T}}}}
\tag{5.4}
$$

Pe 在流体力学中被称为 Peclet number。如果活性粒子的驱动是外场驱动，则颗粒受到的驱动力为 F_{ex}。按照 Pe 描述的物理意义 (定向和随机的竞争)，也可以定义为 $Pe = F_{\mathrm{ex}}/(k_{\mathrm{B}}T/2a)$，$a$ 是颗粒半径。

活性粒子的平均平方位移总是我们最关心的物理量，根据方程 (5.1)，可以解得 [45,46]

$$\langle r^2(t) \rangle = (4D_{\mathrm{T}} + v^2 \tau_{\mathrm{R}})t + \frac{v^2}{2}\tau_{\mathrm{R}}^2[\exp(-2t/\tau_{\mathrm{R}}) - 1] \tag{5.5}$$

这个解包含了活性粒子的基本特征信息。当 $t \ll \tau_{\mathrm{R}}$ 时，有 $\langle r^2(t) \rangle = 4D_{\mathrm{T}}t$。这时因为时间很短，颗粒还没有来得及转动，只有平动扩散的贡献。而速度 v 对平均平方位移的贡献是 t^2，当时间很短时，速度 v 的贡献和平动扩散的贡献相比是高阶小量。当 $t \sim \tau_{\mathrm{R}}$ 时，有 $\langle r^2(t) \rangle = 4D_{\mathrm{T}}t + v^2 t^2$。速度 v 的贡献随时间快速增长，可以和平动扩散的贡献相比。这个表达和第 4 章中漂移流的表现类似。当 $t \gg \tau_{\mathrm{R}}$ 时，有 $\langle r^2(t) \rangle = (4D_{\mathrm{T}} + v^2\tau_{\mathrm{R}})t$。在足够长的时间内颗粒再次回到扩散行为。只是这时等效的扩散系数为 $D_{\mathrm{eff}} = D_{\mathrm{T}} + \frac{1}{4}v^2\tau_{\mathrm{R}}$。和之前的预料一样，颗粒的长时等效扩散由于固有速度 v 的存在而增强。

5.2　刻画细胞运动的色噪声方程

经典的朗之万方程可以写为以下形式：

$$m\dot{v} = -\eta v + \varGamma(t) \tag{5.6}$$

式中，$-\eta v$ 表示颗粒受到的黏滞阻力；$\varGamma(t)$ 表示颗粒受到的涨落力。当涨落力满足白噪声性质时，颗粒运动的自相关函数为

$$\langle v(t_1)v(t_2) \rangle \sim \mathrm{e}^{-(\eta/m)|t_1-t_2|} \tag{5.7}$$

由此可解得颗粒运动的平均平方位移。但是一般说来，当朗之万方程应用于细胞运动时，通常有几个因素要考虑。首先一般细胞在运动时都被看作是过阻尼情况，细胞和环境的摩擦足够大使得细胞的质量被忽略。在这种情况下，方程被简化为

$$\eta v(t) = \varGamma(t) \tag{5.8}$$

这个图像中细胞内部的涨落驱动正比于细胞速度本身。而细胞内部的涨落驱动一般都会被认为是某种色噪声。最普遍的色噪声 $\varGamma_{\mathrm{c}}(t)$ 通常定义为其自相关满足 e 指数衰减的形式

$$\langle \varGamma(t_1)\varGamma(t_2) \rangle = q\mathrm{e}^{-\beta|t_1-t_2|} \tag{5.9}$$

公式 (5.8) 和 (5.9) 所解的细胞运动和公式 (5.6) 和 (5.7) 所描述的布朗运动，在数学上的结果其实完全一致。此处颗粒的惯性质量的角色 (保持初始运动状态的

能力) 完全被色噪声中的相关时间 τ (对初始运动状态的记忆) 所替代。两者描述的现象并没有本质差异。

事实上每个细胞都有自己固有的平均运动速度。如果把细胞的运动看作是细胞在运动过程中一直在固有速度附近做随机涨落，则我们在用朗之万方程刻画细胞在时间间隔 Δt 内的速度变化时还是可以写作类似公式 (5.6) 的形式 [47]

$$\frac{\Delta v}{\Delta t} = -\gamma v + \Gamma(t) \tag{5.10}$$

细胞的速度变化来自于自身速度的自然衰减和其内部的驱动涨落。根据之前的讨论，细胞内的涨落驱动一般被认为是某种色噪声，满足公式 (5.9)。则解公式 (5.9) 和 (5.10) 可以得细胞速度的自相关为

$$\langle v(t_1) v(t_2) \rangle = \frac{q\gamma}{\gamma^2 - \beta^2} \left(-\frac{\beta}{\gamma} e^{-\gamma|t_1 - t_2|} + e^{-\beta|t_1 - t_2|} \right) \tag{5.11}$$

可以看出自身速度的自然衰减率 γ 和其内部的驱动涨落自相关衰减率 β 都反映在速度的自相关当中。根据公式 (5.11) 可以解出此运动的平均平方位移为

$$\langle (x(t) - x_0)^2 \rangle = \frac{2q}{\gamma^2 \beta} t + \frac{2q}{(\gamma^2 - \beta^2)\beta^2} \left(-\frac{\beta^3}{\gamma^3} e^{-\gamma t} + e^{-\beta t} \right) + \frac{2q(\beta^3 - \gamma^3)}{(\gamma^2 - \beta^2)\gamma^3\beta^2} \tag{5.12}$$

指数噪声与白噪声的朗之万方程的主要区别在于其解的数学形式是单指数还是双指数。实际情况下的色噪声除了指数噪声当然还可能会有更复杂的形式 [48,49]。在实验中可以测量细胞的运动速度关联以区分是否满足公式 (5.9) 或 (5.11)。

细胞区别于布朗粒子的另一个特征在于公式 (5.6) 和 (5.10) 中的系数是否是常数。对于布朗粒子而言，只要系统的温度和颗粒大小没有改变，这个假设就是显而易见的。但是对于细胞而言，细胞自身速度的自然衰减和其内部的驱动涨落都可能随细胞当前运动状态的影响而改变。因此对于朗之万方程的另一个修正是使用乘性噪声 [49]

$$\dot{v} = h(v) + R(v)\Gamma(t) \tag{5.13}$$

其中内部涨落驱动的幅度被写成细胞当前速度的函数 $R(\vec{v})$。此时 $\Gamma(t)$ 表示单位强度的噪声，描述的是噪声项时间上的自相关信息。很自然，对于细胞公式 (5.9) 中也可能会有 $\beta = \beta(\vec{v})$。

黏菌细胞是在二维平面上运动，如果采用极坐标 (v, φ) 通常会更方便，细胞的运动分为径向运动和转向运动。细胞方向单位向量定义为 $\vec{e}_v = \vec{v}/v$。方程 (5.13) 可以改写为

$$\begin{pmatrix} \dot{v} \\ \varphi \end{pmatrix} = \begin{pmatrix} h_v(v) \\ 0 \end{pmatrix} + \begin{pmatrix} R\cos\varphi & R\sin\varphi \\ -\frac{R}{v}\sin\varphi & \frac{R}{v}\cos\varphi \end{pmatrix} \begin{pmatrix} \Gamma_x \\ \Gamma_y \end{pmatrix} \tag{5.14}$$

其所对应的 Fokker-Planck 方程中的一阶 Kramers-Moyal 展开系数为

$$D_v^{(1)} = h_v + g_{\varphi v} \frac{\partial}{\partial \varphi} g_{vv} + g_{\varphi \varphi} \frac{\partial}{\partial \varphi} g_{v \varphi} = h_v + \frac{R^2}{v} \tag{5.15}$$

$$D_{vv}^{(2)} = R \tag{5.16}$$

则径向上的运动方程可以写为

$$\dot{v}(t) = h_v(v) + \frac{R^2}{v} + R\Gamma_v(t) \tag{5.17}$$

其中公式中的 $h_v(v)$, $R^2(v)$ 分别满足

$$h_v(v) \approx \lim_{\Delta t \to 0} \frac{1}{\Delta t} \left(v(t + \Delta t) - v(t) \right) |_{v(t)=v} \tag{5.18}$$

$$R^2(v) = \left\langle \frac{(v(t + \Delta t) - v(t))^2}{2\Delta t} \right\rangle \Bigg|_{|v(t)|=v} \tag{5.19}$$

这两项的具体特征分别都可以在实验数据中加以验证。

5.3　细胞的迁移和速度涨落

细胞的运动在自然界普遍存在。细胞会基于外部环境的变化而做出运动响应 [50-52]。其中柄菌 (dictyostelium discoideum) 是研究细胞迁移和胞间通信的标准生物模板。盘基网柄菌属于 "社会阿米巴"(social amoebae)，俗称黏菌。黏菌生活于富有机物环境中，呈现类阿米巴的形貌。在营养期 (vegetative phase) 内繁殖，饥饿期 (starvation stage) 内迁移。当环境恶劣 (水分减少) 时，黏菌分泌信号因子 —— 环磷酸腺苷 (cyclic adenosine monophosphate, cAMP)。cAMP 分子传递到其他黏菌，其他黏菌响应信号，形成同步的螺旋波通信网络，开始聚集并形成一个多细胞体，称为黏聚菌 (slime mold)。黏聚菌的运动速度远高过单个黏菌细胞。它迁移到某个地方后停止，演化为球形孢子。到环境适宜时黏菌孢子释放单倍体细胞重复以上周期。整个生命周期中黏菌经过了单细胞迁移、多细胞同步、细胞聚集、细胞分化等复杂过程，其中胞间通信的作用贯穿始终，因此被广泛用于生物化学、细胞生物学和分子遗传学的研究。黏菌运动速度快、显微镜下形貌显著，是研究细胞迁移运动、cAMP 信号传输和细胞聚集动力学的经典模式细胞 [53,54]。

在实验中把饥饿期的黏菌细胞种植于无养分的琼脂表面，4 倍或 10 倍的显微目镜下细胞的形貌如图 5.1 所示。对用计算机识别显微镜拍摄的照片中黏菌的位置加以跟踪可获得黏菌细胞的运动轨迹，如图 5.2 左侧所示。放大左侧轨迹图的局部，可知细胞的轨迹由不同时刻的细胞位置点组成。黏菌细胞的典型运动速度是

$5\sim10\mu\mathrm{m/min}$。因此实际中可以 10s 间隔记录一次细胞位置。如图 5.2 所示，细胞在时间间隔 Δt 内的位移 $\vec{s}$、速度 $\vec{v}$、平均速度 v 和转向角 θ 都可以通过细胞轨迹得到。在连续两个时间间隔内可以定义速度 $\vec{v}_1 = \dfrac{\vec{s}_1}{\Delta t}$ 和 $\vec{v}_2 = \dfrac{\vec{s}_2}{\Delta t}$，这个时间段内细胞的平均速率为

$$v = \frac{|\vec{v}_1| + |\vec{v}_2|}{2} \tag{5.20}$$

此时间内的速度变化量为

$$\Delta \vec{v} = \vec{v}_2 - \vec{v}_1 \tag{5.21}$$

速度变化量 $\Delta \vec{v}$ 可沿细胞轨迹的正交坐标被分解为两个分量：

$$\Delta v_{||} = |v_2| \cos\theta - |v_1| \tag{5.22}$$

$$\Delta v_{\perp} = |v_2| \sin\theta \tag{5.23}$$

其中 $||$ 和 $\perp$ 分别代表沿切线方向的分量和沿垂直方向的分量。按照公式 (5.13)，可以用以下两个广义随机微分方程来描述这些分量：

$$\frac{\Delta v_{||}}{\Delta t} = h_{||}(v) + R_{||}(v)\, \Gamma_{||}(t) \tag{5.24}$$

$$\frac{\Delta v_{\perp}}{\Delta t} = h_{\perp}(v) + R_{\perp}(v)\, \Gamma_{\perp}(t) \tag{5.25}$$

其中 $\Gamma(t)$ 是平均值为零的归一化噪声，$h(v)$ 和 $R(v)$ 分别代表耗散项 (通常都有 $h(v) < 0$) 和噪声幅度。在实验中，速度变化 $\Delta v_{||}$、$\Delta v_{\perp}$ 以及对应的速率 v 都可通过公式 (5.20)、(5.22) 和 (5.23) 计算得出。如此对任何连续三个轨迹位置点都可得到一对 $(\Delta v_{||}/\Delta t,\, v)$ 和 $(\Delta v_{\perp}/\Delta t,\, v)$ 的散点。对全部细胞的运动轨迹做统计可得到以 $\Delta v_{||}/\Delta t$ $(\Delta v_{\perp}/\Delta t)$ 为纵轴，以 v 为横轴的散点图 5.3。

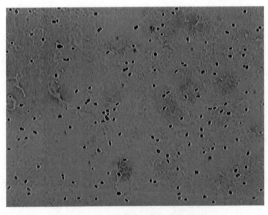

图 5.1　黏菌细胞的显微图像

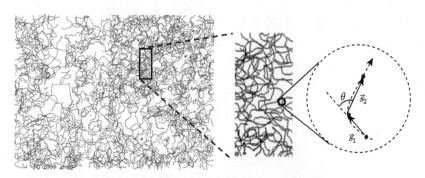

图 5.2　黏菌细胞运动轨迹和细胞位移定义

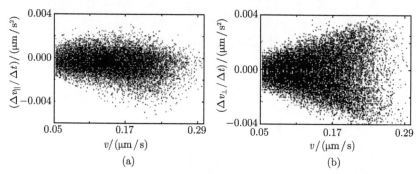

图 5.3　从黏菌细胞运动轨迹得出的 $\Delta v_{||}/\Delta t$-v 和 $\Delta v_{\perp}/\Delta t$-$v$ 散点图

(出自参考文献 [47])

从图 5.3 可知对于每一个速度为 v 的细胞, 其速度变化 $\Delta v_{||}/\Delta t$ 和 $\Delta v_{\perp}/\Delta t$ 都在一个特定区间中涨落。按照公式 (5.24) 和 (5.25), 对图 5.3 每一 $(v, v + \mathrm{d}v)$ 区域内的点取平均, 可得

$$\left\langle \frac{\Delta v_{||}}{\Delta t} \right\rangle = h_{||}(v)\,, \quad \left\langle \frac{\Delta v_{\perp}}{\Delta t} \right\rangle = h_{\perp}(v) \tag{5.26}$$

此处对于噪声项总有 $R_{||}(v)\,\Gamma_{||}(t) = 0$ 以及 $R_{\perp}(v)\,\Gamma_{\perp}(t) = 0$。

$h_{||}(v)$ 和 $h_{\perp}(v)$ 的曲线变化分别如图 5.4(a), (b) 所示。可见在沿细胞初始的切线方向, 细胞的运动感受到的阻碍正比于细胞的当前速度。有

$$h_{||}(v) \propto -kv \tag{5.27}$$

其中系数 k 是细胞运动的衰减系数。由图 5.4 可见, k 是细胞密度 n 的函数。而对于每种细胞密度, k 几乎都是一个常数, 而并不是细胞速度 v 的函数。我们知道细胞密度越高, 细胞的间距越近, 细胞迁移时彼此碰撞的概率越高, 对应于细胞的胞间相互作用越强。从图上看, 细胞运动的衰减系数 k 随细胞的密度增高而增

高。代表细胞间作用越强，细胞越容易遗忘掉初始运动方向。这说明细胞的运动衰减系数会受细胞间的通信和相互作用影响。但是对每一个细胞而言，它的运动衰减系数 (k) 与自身当前的运动状态 (v) 无关。另外图 5.4 中所有细胞密度情况下都有 $h_\perp(v) = 0$，说明细胞垂直方向的速度变化 $\left\langle \dfrac{\Delta v_\parallel}{\Delta t} \right\rangle$ 完全来自于细胞内部的涨落贡献 $R_\perp(v)\,\Gamma_\perp(t)$。以上是对公式 (5.24) 和 (5.25) 中运动耗散项的讨论。

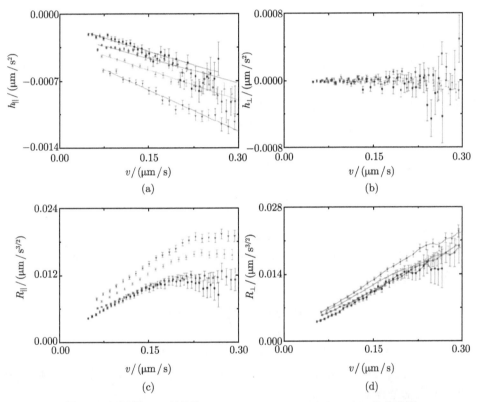

图 5.4　根据图 5.3 所得的 $h_\parallel(v)$、$h_\perp(v)$、$R_\parallel(v)$、$R_\perp(v)$ 的曲线图

图 (a) 中由上到下的曲线对应细胞的密度依次由低到高 $n = 100$ 个/mm², 300 个/mm², 600 个/mm², 1000 个/mm²。图 (c) 中由上到下的曲线对应于细胞的密度依次由高到低 (出自参考文献 [47])

细胞运动的主要驱动来自于内部涨落。根据公式 (5.19) 可以计算公式 (5.24) 和 (5.25) 中的涨落强度项 $R_\parallel(v)$ 和 $R_\perp(v)$。图 5.4 结果显示在 $R_\parallel(v)$ 方向上，细胞低速运动时 $v < 0.2\mu\text{m/s}$，细胞内部涨落驱动强度随细胞运动速度呈线性增加。在高速运动时，$v > 0.2\mu\text{m/s}$，细胞内部涨落驱动强度 $R_\parallel(v)$ 趋近于饱和。这说明 $R_\parallel(v)$ 和速度的关系更为复杂。细胞密度 $n = 100$ 个/mm², 300 个/mm² 的两条

$R_{\parallel}(v)$ 曲线几乎重合在一起，这说明在细胞密度 n 较小时 $R_{\parallel}(v)$ 的变化 (细胞内部的涨落机制) 几乎不会受到 n 的影响。这是群体感应效应的一个典型特征：只有当细胞的密度超过某个临界值后细胞才开始对细胞间的相互交流做出响应。而对于细胞密度较高的 $n(600$ 个/mm^2, 1000 个/mm^2), $R_{\parallel}(v)$ 的值 (涨落幅度) 和斜率 (涨落幅度随运动的增长趋势) 都明显随细胞密度的增高而增高，说明细胞的胞间通信会增强细胞行进方向的涨落驱动：同样的细胞速度下，细胞浓度越高，细胞内部行进驱动的涨落幅度越强。而且涨落幅度的饱和值也随细胞浓度增高而增高。而在垂直方向上的结果类似，在速度范围内可以用一个近似式 $R_{\perp}(v) = \kappa v$ 表示，并没有饱和的趋势。系数 κ 与细胞密度和细胞速度都无关系。图 5.4 中细胞密度 $n = 100$ 个/mm^2, 300 个/mm^2 的两条 $R_{\perp}(v)$ 曲线几乎重合在一起。即使是在更高的密度范围内，$n = 600$ 个/mm^2, 1000 个/mm^2, $R_{\perp}(v)$ 斜率也几乎是相同的。这说明细胞垂直方向上的涨落变化对细胞间相互作用并不敏感。

将 $h(v)$ 和 $R(v)$ 的近似形式代入公式 (5.24) 和 (5.25) 得到

$$\frac{\Delta v_{\parallel}}{\Delta t} = -k(n)v + \lambda(n)v\Gamma_{\parallel}(t) \tag{5.28}$$

$$\frac{\Delta v_{\perp}}{\Delta t} = \kappa v\Gamma_{\perp}(t) \tag{5.29}$$

可以看出细胞行进方向上和垂直方向上的明显差异。

公式 (5.29) 表示细胞在垂直方向上的速度变化都来自于内部涨落，且变化幅度正比于当前速度。对比公式 (5.23) 和 (5.19) 可知

$$R_{\perp}(v) = \mathrm{RMSD}\left(\frac{\Delta v_{\perp}}{\Delta t}\right) \approx v \cdot \mathrm{RMSD}(\sin\theta) \tag{5.30}$$

此处 RMSD 表示根号平均平方偏差，即二阶矩。根据公式 (5.29) 和 (5.30) 可知细胞行进时偏转角度涨落的二阶矩 RMSD($\sin\theta$) 为常数[55]。因此时间间隔 Δt 内细胞的运动过程中转向涨落为

$$\sin\theta \approx \kappa\Gamma_{\theta}(t)\Delta t \tag{5.31}$$

$\Gamma_{\theta}(t)$ 表示幅度归一化后的转向角度的涨落。κ 作为刻画转向涨落幅度的系数，与 n, v 都不敏感，说明在此方向上的涨落是细胞内部的固有涨落。这个涨落在实际中对应的是细胞在现有的伪足的基础上分裂出新伪足的概率和幅度。

由公式 (5.31)，可以按照细胞的运动轨迹重新定义自然坐标系 (r, θ)。此时径向的速度变化由公式 (5.22) 变为

$$\frac{\Delta v_r}{\Delta t} = \frac{v_2 - v_1}{\Delta t} \tag{5.32}$$

则径向和转向的变化满足公式

$$\frac{\Delta v_r}{\Delta t} = h_r(v) + R_r(v)\Gamma_r(t) \tag{5.33}$$

$$\frac{\sin\theta}{\Delta t} = h_\theta(v) + R_\theta(v)\Gamma_\theta(t) \tag{5.34}$$

根据公式 (5.32) 可以画出 $\frac{\Delta v_r}{\Delta t}$ 和 $\sin\theta$ 随细胞速度变化的散点图,如图 5.5(a),(b)。

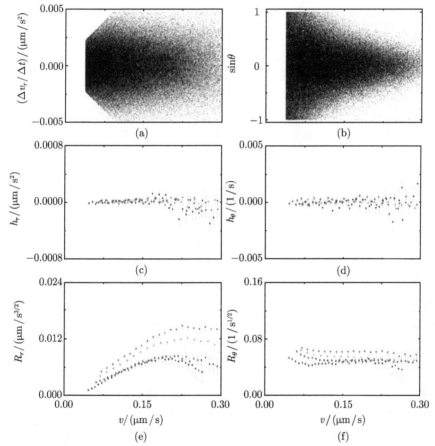

图 5.5 (a) $\frac{\Delta v_r}{\Delta t}$-$v$ 的散点图;(b) $\sin\theta$-v 的散点图;(c) 不同细胞密度下 $h_r(v)$ 的曲线图;(d) 不同细胞密度下 $h_\theta(v)$ 的曲线图;(e) 不同细胞密度下 $R_r(v)$ 的曲线图;(f) 不同细胞密度下 $R_\theta(v)$ 的曲线图。(e), (f) 中由下到上的曲线对应于细胞的密度依次由低到高:$n = 100$ 个/mm², 300 个/mm², 600 个/mm², 1000 个/mm² (出自参考文献 [47])

类似地,对图 5.5(a), (b) 中的散点图按速度取平均,根据公式 (5.33) 和 (5.34),可以得到 $h_r(v)$, $h_\theta(v)$ 曲线如图 5.5(c), (d)。可见都有 $h_r(v) = 0$, $h_\theta(v) = 0$。此

时的径向速度变化和转向角度变化都来自于细胞内部的噪声涨落。径向噪声幅度 $R_r(v)$ 和转向噪声幅度 $R_\theta(v)$ 的曲线分别如图 5.5(e)，(f)。从图 (e) 可见，对不同密度的细胞其径向噪声幅度 $R_r(v)$ 呈非单调变化。在一个特定的速度 v_r^0 上有最大的噪声幅度，并且 v_r^0 是细胞密度函数，有 $v_r^0 = v_r^0(n)$。$R_\theta(v)$ 基本是一个常数，其数值略受细胞密度影响。根据图 5.5(c)、(e)、(d)、(f)，公式 (5.33) 和 (5.34) 可以改写为

$$\frac{\Delta v_r}{\Delta t} = R_r(v, n)\Gamma_r(t) \tag{5.35}$$

$$\frac{\sin\theta}{\Delta t} = \kappa(n)\Gamma_\theta(t) \tag{5.36}$$

只有两个涨落特征参数 $R_r(v, n)$ 和 $\kappa(n)$ 的公式 (5.35) 和 (5.36) 可以很好地描述细胞迁移行走。这个模型和公式 (5.28) 和 (5.29) 完全等价。只不过上面这个细胞速度涨落的模型在随机方程中不包含任何耗散项。细胞的全部运动记忆，如果有的话，应当包含在 $\Gamma_r(t)\Gamma_\theta(t)$ 的自相关特征中。

通过耗散项 $h(v)$ 和涨落项 $R(v)$ 的测量，还可以进一步研究细胞所处环境对于细胞迁移行为的影响。实验上可以把琼脂表面的细胞用 PB 缓冲液覆盖。此时细胞和琼脂表面之间都被水充满，与空气环境相比，细胞和琼脂表面的摩擦系数可能会受到影响，从而影响耗散项。这个影响是否存在可以通过观察 $h(v)$ 是否改变而判定。另外细胞间的化学信号 cAMP 分子在空气和 PB 缓冲液的扩散速率不同，改变信号分子的空间梯度和传播速度，相对应地改变了细胞间相互作用。这个影响如果存在，应当在 $R(v)$ 中表示出来。

实验上对同一菌群的细胞分别在 PB 缓冲液环境和空气环境中同时观测期迁移轨迹，用上面类似的方法获得在不同方向上的 $h(v)$ 和涨落项 $R(v)$，结果如图 5.6 所示。

很明显垂直方向的 $h_\perp(v)$、$R_\perp(v)$ 都重合一起，说明在垂直方向上的涨落的确不受环境影响。而在行进方向上，各个密度下细胞行进方向上的 $h_{||}(v)$、$R_{||}(v)$ 在空气和 PB 缓冲液中相比都有明显差异。PB 缓冲液环境 (空心符号) 的 $h_{||}(v)$ 曲线总是处于对应空气环境 (实心符号) 的上方，说明 PB 缓冲液环境下细胞迁移在行进方向上的阻碍总是小于空气环境下的阻碍。由此可知 $h_{||}(v)$ 这一项的确是来自细胞和基底的摩擦。PB 缓冲液环境 (空心符号) 的 $R_{||}(v)$ 曲线总是处于对应空气环境 (实心符号) 的下方，说明 PB 缓冲液环境下细胞在行进方向上的涨落分量幅度总是小于空气环境中的涨落幅度。细胞间的通信交流会改变细胞内部的行进方向涨落行为趋势。

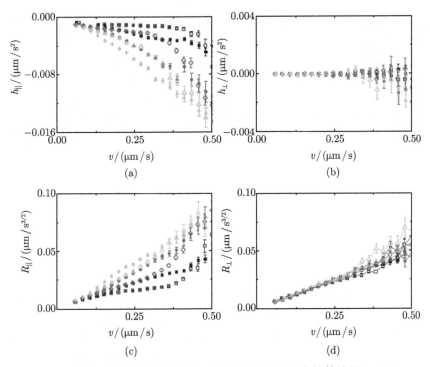

图 5.6 在不同细胞密度 n 下 $h(v)$ 和 $R(v)$ 的计算结果

(a) $h_{\parallel}(v)$ 曲线图, (b) $h_{\perp}(v)$ 曲线图, (c) $R_{\parallel}(v)$ 曲线图, (d) $R_{\perp}(v)$ 曲线图。图中的方块、圆点、上三角分别代表不同的细胞密度: $n = 100$ 个/mm, 240 个/mm, 500 个/mm²。实心符号标示代表细胞在空气琼脂接触表面的细胞样品, 空心符号代表细胞在 PB 缓冲液琼脂接触表面的细胞样品 (出自参考文献 [47])

最后值得一提的是, $\frac{\Delta v}{\Delta t}$-$v$ 的分布图对于横轴 v 数值还可以有其他选择。以 $\frac{\Delta v_{\parallel}}{\Delta t}$-$v$ 为例, 横轴 v 除了式 (5.20) 的定义之外还可以取 $v_{\parallel} = (v_1 + v_2 \cos\theta)/2$。这个强调的是以行进方向上平均速度为横轴。事实上对于上述讨论的公式 (5.13) 这一类乘性噪声, 这种用前后两个时间段速度的平均值作为当前速度也不是唯一的选择。更普适的写法是

$$v_{\parallel} = (1 - \alpha)v_1 + \alpha v_2 \cos\theta \tag{5.37}$$

$\alpha = 0$ 事实上是以前一个时刻速度为横轴, 而取 $\alpha = 0.5$ 就回到了之前平均值的选择。分别类似于 ito 近似和 Stratonovich 近似的处理方法。

按照公式 (5.37) 分取 $\alpha = 0, 0.5, 1$ 的 $\frac{\Delta v_{\parallel}}{\Delta t}$-$v_{\parallel}$ 散点图的差异如图 5.7 所示, 可见不同的 α 数值下所得的 $h(v)$ 和涨落项 $R(v)$ 都可能会有较大改变。这个问题超出了本章节要讨论的内容。但是对于乘性噪声模型是比较重要的一点, 在此做一个说明。

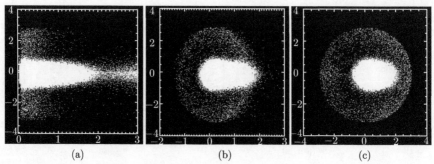

图 5.7 不同横轴速度取法下的 $\dfrac{\Delta v_\parallel}{\Delta t}$-$v_\parallel$ 的散点图。(a)~(c) 分别对应于 $\alpha = 0$, $\alpha = 0.5$, $\alpha = 1$

5.4 细胞运动速度的分布

细胞作为活性物质和胶体颗粒等被动体系的区别在于：细胞内部有自己的动力来源，相当于系统一直和热库相连。因此生命系统的最大特征是处于远离平衡态的稳态。为了理解这类系统的基本特征，常见的分析方法是统计其涨落的分布直方图 (histogram)。对于布朗粒子我们知道单位时间内颗粒位移涨落服从标准的高斯分布，能量上在不同自由度上服从能量均分定理，在涨落关联特性上服从涨落耗散定理。但是细胞和布朗粒子除了以上的平衡态和非平衡态的区别之外，还有一个现实区别就是对布朗粒子而言每个粒子都被看作是全同粒子。在做统计时对一个粒子做 1 万次测量，和对 1 万个粒子各做一次测量，两种统计的结果是等价的。而生物族群中的个体在其生物指标上围绕族群平均值的涨落都会有所差异，这是进化和变异所导致的必然结果。那么生物个体在族群平均值附近的分布有何特性，为何有此特性都是值得探讨的问题。这一节将从细胞的运动速度统计出发来讨论这个问题。

根据图 5.2 的细胞位移图像，可以定义细胞在每个时刻的速度。对全部的细胞轨迹所得的各个时刻的细胞速度做统计，可得细胞速度分布概率函数 $f(v)$，如图 5.8 所示。

可见细胞族群中的速度分布呈现明显的非高斯分布统计形式。注意到纵轴是对数坐标，横轴是自然坐标。右侧的曲线在图中呈现明显的直线关系，说明细胞速度分布概率函数满足

$$f(v) = f_0 \exp(-\beta v) \tag{5.38}$$

但是上面讨论的图 5.8 的处理相当于把所有细胞都看作全同细胞所作的统计。实际中很容易观察到不同的细胞特征，即在图 5.2 中的每一条轨迹代表一个细胞。可以将每一个轨迹上的平均速度 v_{traj} 作为该细胞的特征速度。全部细胞轨迹的平

均速度做统计可得细胞速度分布概率函数 $f(v_{\text{traj}})$，如图 5.9 所示。

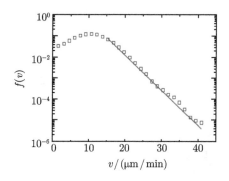

图 5.8 黏菌细胞速度分布概率函数 $f(v)$ (出自参考文献 Zhang J Z, Li N, Chen W. Diffusional inhomogeneity in cell cultures, Chin. Phys. B., 2018, (2): 88-91)

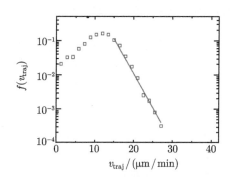

图 5.9 黏菌细胞轨迹速度分布概率函数 $f(v_{\text{traj}})$ (引用文献同图 5.8)

可见在一个族群中，不同速度细胞的数量统计分布同样服从公式 (5.38)。只不过和 $f(v)$ 统计相比两者的 β 参数值不同。图 5.8 中的 $f(v)$ 曲线给出的是细胞的各种瞬时速度在整个迁移过程中的概率占比。图 5.9 中的 $f(v_{\text{traj}})$ 曲线给出的是一个细胞族群中各种速度细胞数目在整个族群中的概率占比。$f(v)$ 和 $f(v_{\text{traj}})$ 之间显而易见应该存在某种关联。

事实上，根据图 5.9 可以把系统中的细胞按其迁移速度分类：分成高速细胞、中速细胞和低速细胞等。这个分类方式是：具有相同的特征运动速度 v_{traj} 的细胞都被看作一类。如此把图 5.9 中的特征速度平均从低到高分成 5 类，并且对每一类细胞的瞬时速度 v 做概率密度统计。可以想象对每一类细胞，其 $h(v)$ 曲线应该是在 v_{traj} 左右分布。但是分布结果还是如图 5.8 所示么？答案是：并非如此。对于每

一类细胞的瞬时速度分布曲线 $h_{\mathrm{group}}(v)$，如图 5.10 所示，都满足高斯分布。有

$$h_{\mathrm{group}}(v) = \frac{1}{\sqrt{2\pi}\sigma_{\mathrm{group}}} \exp\left(\frac{-(v - v_{\mathrm{group}})^2}{2\sigma_{\mathrm{group}}^2}\right) \tag{5.39}$$

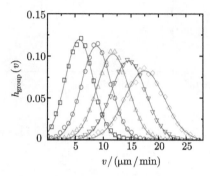

图 5.10　不同特征速度的细胞轨迹速度分布概率函数 $h_{\mathrm{group}}(v)$(引用文献同图 5.8)

从图 5.10 可见每类细胞的速度分布宽度 σ_{group} 随中心速度 $v_{\mathrm{group}} = v_{\mathrm{traj}}$ 增大而增大。两者基本呈线性关系，如图 5.11。满足

$$\sigma_{\mathrm{group}} = \sigma_0 + \kappa v_{\mathrm{group}} \tag{5.40}$$

从图 5.11 和公式 (5.40) 可见，当细胞特征速度为零时，速度涨落并没有趋近于零，而是有一个固有值 σ_0。这个 σ_0 的大小和细胞的特征速度无关，σ_0 是该细胞种群的基本涨落特性，实际上是对应于 6.2 节中所得到的固有涨落。

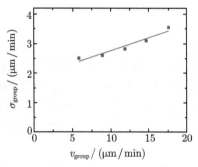

图 5.11　不同特征速度的细胞速度分布 σ_{group} 随特征速度 v_{group} 增大 (引用文献同图 5.8)

图 5.10 中各条曲线的中心值都平移到一起并用公式 (5.40) 对速度进行归一化，即

$$v^* = (v - v_{\mathrm{group}})/\sigma_{\mathrm{group}} \tag{5.41}$$

则图 5.10 中的各条曲线都可重合为同一条, 如图 5.12。这是该族群细胞的统一特征涨落分布规律。以归一化速度 v^* 的平方为横轴, 以归一化概率 h' 的对数坐标为纵轴。可见各类速度细胞的统计基本都呈一条直线, 说明都很好地符合高斯分布。

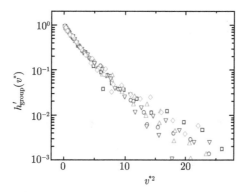

图 5.12 细胞特征涨落分布归一化曲线 $h'_{\mathrm{group}}(v)$ (引用文献同图 5.8)

图 5.10 说明每一细胞尽管其特征速度不同, 但瞬时速度的涨落还是服从正态分布的, 则图 5.8 中瞬时速度的指数分布源自于图 5.9 的特征速度分布。

由此可知, 图 5.9 中的每个数据点作为该细胞的特征速度, 该细胞的瞬时速度满足以其特征速度为对称中心的高斯分布 (图 5.10)。因此图 5.8 中所有细胞瞬时速度的概率分布曲线 $f(v)$ 是图 5.9 和图 5.10 曲线互相卷积的结果。满足以下公式:

$$P(v) = \sum_{\mathrm{all\ groups}} h_{\mathrm{group}}(v_{\mathrm{group}}, \sigma_{\mathrm{group}}) f(v_{\mathrm{group}}) \tag{5.42}$$

如果把细胞速度分组细化, 求和式改写为积分:

$$P(v) = \int_0^\infty h(v_{\mathrm{traj}}, \sigma_{\mathrm{traj}}) f(v_{\mathrm{traj}}) \mathrm{d}v_{\mathrm{traj}} \tag{5.43}$$

式中, $h(v_{\mathrm{traj}}, \sigma_{\mathrm{traj}})$ 为高斯分布, 满足公式 (5.39), 分布的中心值和分布宽度 (v_{traj}, σ_{traj}) 满足公式 (5.40)。每个细胞瞬时速度的分布都满足高斯分布, 可以由如下物理图像理解: 细胞对于自己当前速度都有一个特征记忆时间 (表现为细胞速度的自相关曲线), 在这个记忆时间后细胞会逐渐遗忘掉初始速度, 通过内部涨落建立起新的行走速度。而整个细胞轨迹的时间长度都远远大过细胞的记忆时间。因此对于一个细胞轨迹, 所统计的瞬时速度基本可以看作是彼此独立的。根据中心极限定理, 落在一个小的速度区间里的独立瞬时速度总是满足高斯分布。由图 5.9 和图 5.10 以及公式 (5.43) 可知, 图 5.8 中的非高斯瞬时速度分布来源于图 5.9 中细胞的特征速度的非高斯分布。即在每一个特定族群中, 高速细胞和低速细胞在数目上有一个特定的分布。这个分布应当是自然进化的结果。这个分布的具体形式应当与细胞之间的通信效率相关。细胞之间的相互作用越弱，彼此的运动越独立，根据中心极限定理，图 5.9 的曲线将越靠近高斯分布。

以上理论是对数据的猜想和讨论。可以结合实验数据做数值计算对以上理论加以验证。由图 5.9 的粗略假设，细胞的轨迹速度近似满足

$$F(v_{\text{traj}}) = \begin{cases} C_0, & v_{\text{traj}} < v_{\text{cri}} \\ C_1 \exp(-\lambda v_{\text{traj}}), & v_{\text{traj}} \geqslant v_{\text{cri}} \end{cases} \tag{5.44}$$

用公式 (5.44) 拟合图 5.9 的右侧曲线，拟合结果如图 5.13。

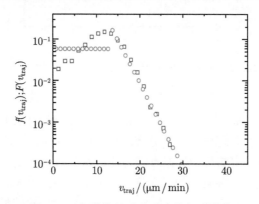

图 5.13　细胞轨迹速度分布的拟合曲线

方形符号为实验数据 ($f(v_{\text{traj}})$)。圆形符号 ($F(v_{\text{traj}})$) 为公式 (5.44) 拟合结果 (引用文献同图 5.8)

可得公式 (5.44) 中的各个参数 ($v_{\text{cri}} = 13\mu\text{m}/\text{min}$，$C_0 = 0.168$，$C_1 = 0.06$，$\lambda = 0.465\,\text{min}/\mu\text{m}$)。将公式 (5.39) 和 (5.44) 中的各参数代入公式 (5.43) 得到

$$P(v) = C_2 \int_{v_{\text{cri}}}^{\infty} \frac{1}{\sqrt{2\pi}\sigma_{\text{traj}}} \exp\left(\frac{-(v - v_{\text{traj}})^2}{2\sigma_{\text{traj}}^2}\right) \exp(-\lambda v_{\text{traj}}) \mathrm{d}v_{\text{traj}}$$

$$+ C_3 \int_0^{v_{\text{cri}}} \frac{1}{\sqrt{2\pi}\sigma_{\text{traj}}} \exp\left(\frac{-(v - v_{\text{traj}})^2}{2\sigma_{\text{traj}}^2}\right) \mathrm{d}v_{\text{traj}} \tag{5.45}$$

式中，σ_{traj} 满足 $\sigma_{\text{traj}} = \sigma_0 + \kappa v_{\text{traj}}$，可通过对图 5.11 中的数据点进行线性拟合得到参数 $\sigma_0 = 1.9\mu\text{m}/\text{min}$，$\kappa = 0.088$。

将以上所有参数代入公式 (5.45)，数值计算得到 $P(v)$，并与图 5.8 实验数据相比较，结果如图 5.14。右侧实验数据和理论数值计算的结果基本一致，说明公式 (5.43) 的物理图像是合理的。

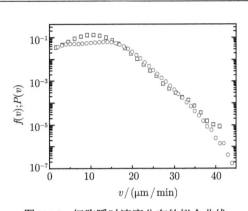

图 5.14　细胞瞬时速度分布的拟合曲线

方形符号 $(f(v))$ 为实验数据。圆形符号 $(P(v))$ 为拟合结果 (引用文献同图 5.8)

5.5　关于细胞运动自扩散的两个模型

实际中细胞扩散的行为可能比公式 (5.6) (白噪声) 或公式 (5.10) (指数噪声) 都要复杂。对随机行走的研究最基本的处理是计算其平均平方位移 (MSD) 随时间变化的曲线。对于公式 (5.6) 的模型 (经典的 O-U 过程),平均平方位移的解如公式 (5.46) 所示

$$\langle r(t)^2 \rangle = 4D[t - \tau(1 - \exp^{-t/\tau})] \tag{5.46}$$

另外一大类常见的平均平方位移的解被称作 Levy-Flight 过程 [56]。它的特征是其对应的平均平方位移的解如公式 (5.47)

$$\langle r(t)^2 \rangle = Dt^\alpha \tag{5.47}$$

我们可以根据实验测量的数据研究哪种情况更符合。对图 5.2 中的细胞轨迹位置做 MSD 随时间的变化,公式 (5.46) 或公式 (5.47) 加以对比。事实上在自然坐标下公式 (5.46) 和公式 (5.47) 看起来拟合得似乎都不错,结果如图 5.15。

但是公式 (5.46) 和公式 (5.47) 的规律完全不同。前者是随着时间从 $\langle r(t)^2 \rangle \sim t^2$ 连续过渡到 $\langle r(t)^2 \rangle \sim t$,时间上的指数 (称 Hurst 指数) 从 2 连续过渡到 1。而对于 $\langle r(t)^2 \rangle \sim t^\alpha$ 在整个过程中 Hurst 指数 α 保持不变。

为了更好地区分两种拟合结果,对图 5.15 中的数据和拟合曲线分别做对数导数 (如公式 (5.48)) 计算其 Hurst 指数的变化

$$\alpha = \frac{d \ln \langle r^2 \rangle}{d \ln t} \tag{5.48}$$

结果如图 5.16,无论是 O-U 过程还是 Levy-Flight 模型都和实验结果有较大偏差。实际中细胞的 Hurst 随时间几乎是线性下降的,满足公式 (5.49)

$$\frac{\mathrm{d}\ln\langle r^2\rangle}{\mathrm{d}\ln t} \approx \gamma - \beta t \tag{5.49}$$

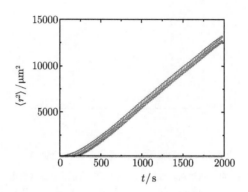

图 5.15　黏菌细胞平均平方位移随时间的变化曲线

方块符号是测量结果。图中的实线为两个模型拟合结果相重合

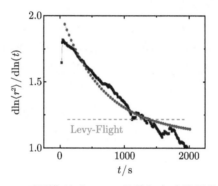

图 5.16　不同模型下 Hurst 指数与实验结果的比较

圆点为公式 (5.49) 对应的 Hurst 指数。水平虚线为公式 (5.47) 对应的 Hurst 指数 (出自文献陈松. 黏菌
细胞随机行走的研究. 复旦大学硕士学位论文, 2014)

解上述方程可以得到唯象的 MSD 形式

$$\langle r(t)^2\rangle = D_0\left[\exp(-\beta t)\right]t^\gamma \tag{5.50}$$

比较公式 (5.50) 和公式 (5.47)(Levy-Flight 模型) 可发现，两者相比相差了一个
$\exp(-\beta t)$ 衰减项。可以称公式 (5.50) 为衰减 Levy-Flight (decaying levy flight，DLF
模型)。与公式 (5.47) 相比，黏菌的扩散系数随时间指数衰减，如 $D_0\exp(-\beta t)$。

图 5.15 中的数据结果用公式 (5.50) 拟合，结果如图 5.17。从拟合结果 β 数值
可知，细胞的扩散系数衰减的特征时间 $\tau_0 = 1/\alpha \approx 2300\mathrm{s}$。作为一个从实验数据
中反推出来的唯象模型，衰减 Levy-Flight 模型解释黏菌细胞迁移行为时其各项的

物理意义是清楚的。公式 (5.50) 中的 γ (介于 1~2) 代表细胞在随机行走过程中维持运动方向的能力。$\gamma = 2$ 代表细胞是沿直线行走，即细胞一直对初始速度保持记忆。$\gamma = 1$ 代表细胞对初始速度完全没有记忆。D_0 对应细胞的扩散快慢，对应于内部驱动的能量，代表细胞的活力。$\exp(-\beta t)$ 代表细胞内部驱动能量的衰减率。细胞在行进过程中一直消耗自身存储的能量，因此细胞的活力在运动过程中一直以指数形式降低，如 $D_0 \exp(-\beta t)$。

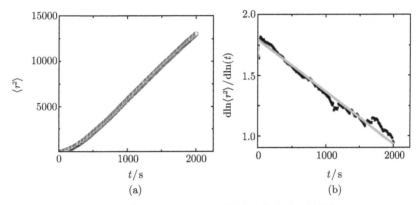

图 5.17 衰减 Levy-Flight 模型和实验结果的比较

(a) 细胞的平均平方位移和公式 (5.50) 的拟合结果对比；(b) 细胞的平均平方位移中的 Hurst 指数和公式 (5.50) 的拟合结果对比。实线为公式 (5.50) 的拟合结果

对于布朗粒子而言，扩散系数和粒子的温度成正比，而微观意义上温度就是粒子的平均动能。对于细胞也可以从细胞的速度定义细胞运动的动能 $E_k = mv^2/2$。假定细胞在迁移过程中质量不变，则 v^2 可以作为细胞动能的量度。从轨迹中可以很方便地计算细胞不同时刻的动能变化。可以发现其数值的确是随时间指数降低的，满足 $E_0 \exp(-\varphi t)$。可见细胞的动能 $E_0 \exp(-\varphi t)$ 和细胞的扩散系数 $D_0 \exp(-\beta t)$ 的确有类似的机制。当然动能变化中的特征时间 $1/\varphi$ 对应的是绝对时间，扩散系数变化中的特征时间 $1/\beta$ 对应的是相对时间间隔，两者不能直接比较。对于给定细胞，这两个特征时间的比值都是常数，并不受细胞密度 (细胞间相互作用) 的影响，是黏菌细胞内部的固有性质。

另外对于任何一个含有耗散机制的系统，总可以通过速度自协方差 $K_v(t)$ 和涨落力自协方差 $K_F(t)$ 定义有效温度

$$\int_{-\infty}^{\infty} K_v(t)\mathrm{d}t \int_{-\infty}^{\infty} K_F(t)\mathrm{d}t = \left(\frac{k_B T}{m}\right)^2 \tag{5.51}$$

因此可以从公式 (5.33) 和 (5.34) 测量得到速度自协方差和涨落力自协方差，结果如图 5.18。将图 5.18 的结果代入公式 (5.51)，计算每个时间段对应的 $k_B T/m$。

计算发现这个值和计算的 v^2 的变化曲线完全一致 (图 5.19)。说明了这个有效温度和动能定义的合理性。

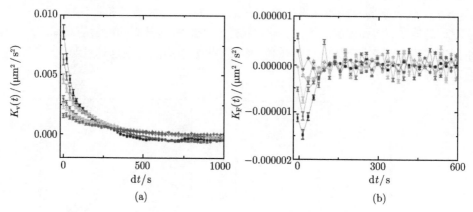

(a)　　　　　　　　　　　(b)

图 5.18　(a) 细胞速度自协方差 $K_v(t)$；(b) 涨落力自协方差 $K_F(t)$

图中不同的曲线代表在不同时间段内测得的结果。(a) 图中从上到下对应的是细胞种植后第 3~5 小时、第 5~8 小时、第 8~11 小时、第 11~14 小时、第 14~16 小时、第 16~19 小时。(b) 图的次序从上到下与 (a) 刚好相反 (引用文献同图 5.16)

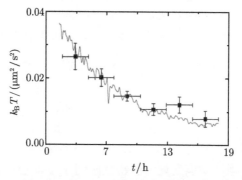

图 5.19　细胞有效温度和细胞动能随细胞种植时间的对比图

曲线为细胞有效温度；方块点为细胞动能 (引用文献同图 5.16)

Dieterich 等在研究犬肾细胞 (madin-darby canine kidney cell，一种上皮细胞) 的运动时，提出了另一个描述细胞运动第一性的运动方程 —— 分数阶 Klein-Kramers 方程 (FKK) 模型。实验上同样从细胞的平均平方位移中发现其犬肾细胞 Hurst 指数随时间有缓慢的变化，如图 5.20 所示。这个变化明显比图 5.17 中的线性变化要复杂。所以唯象的 DLF 模型并不适用于这种细胞的运动。

Dieterich 等提出的 FKK 模型是描述一维布朗运动的速度概率分布方程 —— Klein-Kramers 方程的修正。经典的 Klein-Kramers 方程为

$$\frac{\partial P(x,v,t)}{\partial t} = -\frac{\partial}{\partial t}[vP(x,v,t)] + \gamma \frac{k_{\mathrm{B}}T}{M} \frac{\partial^2 P(x,v,t)}{\partial v^2} \tag{5.52}$$

是 Fokker-Planck 方程最普遍的形式之一，方程中对速度的一阶导数项系数为漂移系数，二阶导数项系数为扩散系数。数学上等价于朗之万方程对实空间运动的描述。Dieterich 等将 Klein-Kramers 方程中对时间的一阶求导拓展为分数阶求导，方程改写为

$$\frac{\partial P(x,v,t)}{\partial t} = -\frac{\partial}{\partial t}[vP(x,v,t)] + \frac{\partial^{1-\alpha}}{\partial t^{1-\alpha}}\gamma_\alpha \left(\frac{\partial}{\partial v}v + \frac{k_{\mathrm{B}}T}{M}\frac{\partial^2}{\partial v^2} \right) P(x,v,t) \tag{5.53}$$

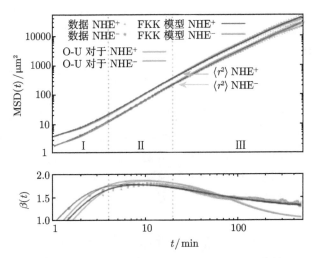

图 5.20　犬肾细胞的平均平方位移 (MSD) 曲线

下图是 Hurst 指数 β 随时间的变化。不同的数据点代表不同犬肾细胞的实验结果。不同实线分别代表 O-U 过程和 FKK 模型拟合的结果。拟合较好的是 FKK 模型 (出自参考文献 [52])

由此方程出发可计算细胞对应的速度自关联

$$\langle v_x(t)v_x(0)\rangle = v_{\mathrm{th}}^2 E_\alpha(-\gamma_\alpha t^\alpha) \tag{5.54}$$

其中 $v_{\mathrm{th}}^2 = k_{\mathrm{B}}T/m$，在上面的 DLF 模型里这一项对应于细胞运动的动能。$E_{\alpha,\beta}(z)$ 为米塔格–列夫勒函数 (Mittag-Leffler function)

$$E_{\alpha,\beta}(z) = \sum_{k=0}^{\infty} \frac{z^k}{\Gamma(\alpha k + \beta)} \tag{5.55}$$

从速度自相关公式 (5.54) 可以得到对应的一维运动的平均平方位移

$$\langle r^2(t)\rangle_{\mathrm{1D}} = 2v_{\mathrm{th}}^2 t_2 E_\alpha(-\gamma_\alpha t^\alpha) \tag{5.56}$$

公式 (5.56) 在 $t \to \infty$ 时为

$$\langle r^2(t) \rangle = \frac{2D_\alpha t^{2-\alpha}}{\Gamma(3-\alpha)} \tag{5.57}$$

此处 $D_\alpha = v_{\mathrm{th}}^2 / \gamma_\alpha$。

当 $\alpha = 1$ 时，公式 (5.54) 中 $E_\alpha(t) \sim \exp(-\gamma_1 t)$，公式 (5.57) 中 $\langle r^2(t) \rangle \sim t$，回到经典的 O-U 过程。二维运动的平均平方位移为

$$\langle r^2(t) \rangle_{2\mathrm{D}} = \frac{4v_{\mathrm{th}}^2}{\gamma_1^2} t^2 E_\alpha(-\gamma_\alpha t^\alpha) + (2\eta)^2 \tag{5.58}$$

公式 (5.58) 用来拟合图 5.20 中的测量数据。同样，MSD 曲线的拟合结果和 O-U 过程相差不大。但是由此计算得到的 Hurst 曲线和实验结果的吻合程度明显要好于 O-U 过程。

这一节介绍的 DLF 模型和 FKK 模型都能很好地解释各自的实验现象，但是出发点各不相同。DLF 模型从实验数据出发得到适应性的唯象模型，优势是模型中各项的物理意义清楚直观，弱势是缺乏第一性运动微分方程的支撑。尽管结果合理，但是物理起源有些模糊。FKK 模型是从第一性运动微分方程出发的，在各种测量上都能很好地符合实验结果，但是在对现象的解释上对时间的分数阶求导所对应的实际物理图像还不明确 (虽然数值和实验结果符合得很好)。从各方面而言对于细胞运动物理机制的理解还远远不足。

5.6　心肌细胞的同步行为

活性粒子和被动粒子最显著的区别是活性粒子经常会发生集体聚集：包括实空间的聚集和相空间的聚集 (同步)。很多研究都是关于活性粒子或细胞的结晶、堵塞和空间排列[57-59]，常见的模型如 Vicsek 模型[60] 或 Kuramoto 模型[61]。无论是哪一种模型，本质上都是在描述粒子之间如何相互传递信息。每个细胞都有各自的运动状态，通过粒子间相互作用，使得某一个粒子的运动趋于周围粒子的运动平均状态。对于多个粒子 $\{n\}$，Vicsek 模型可以写为

$$\begin{aligned}
\dot{x}_n &= v \cos \varphi_n + \sqrt{2D_\mathrm{T}} \Gamma_{x,n} \\
\dot{y}_n &= v \sin \varphi_n + \sqrt{2D_\mathrm{T}} \Gamma_{y,n} \\
\varphi_n &= \frac{k}{N} \sum_{m=1}^{N} (x_m + i y_m)
\end{aligned} \tag{5.59}$$

和公式 (5.1) 相比，最重要的是定义了颗粒取向要受到周围粒子的影响。通过调节粒子间相互作用的强弱，可以使得活性粒子在空间定向排列[60,62]。Vicsek 模型和其变形应用非常广泛。从物理体系到生物体系，刻画了各种系统的同步

行为 [63−66]。

Kuramoto 模型在非线性动力学系统中应用更为广泛，经常被用来描述多个振子耦合的同步现象。对多个振子系统，每个振子都有自己的相位和固有频率 $\{\varphi_i, \omega_i\}$，并且对于孤立振子有 $\mathrm{d}\varphi_i/\mathrm{d}t = \omega_i$。对于多振子系统，每个振子的相位变化率受到周围振子的影响 [61]，有

$$\mathrm{d}\varphi_i/\mathrm{d}t = \omega_i + K \sum_j \sin(\varphi_i - \varphi_j) \tag{5.60}$$

公式 (5.60) 中的 φ_j 代表近邻振子的相位。K 代表振子之间的耦合强度。Kuramoto 模型和 Vicsek 模型的区别在于公式 (5.60) 中各单元之间传递的是相位差而不是相位本身。多振子的同步程度可以用同步指数 Δ 表示，有

$$\Delta = \frac{1}{N} \left| \sum_j e^{i\varphi_j} \right| \tag{5.61}$$

当各振子相位混乱时，$\Delta \to 0$，当各振子相位同步时，$\Delta \to 1$。对于给定初相位、初频率的多振子体系，系统按照公式 (5.60) 演化，最后可以达到一个稳定的同步指数，代表多振子在相空间的聚集程度。当然模型中可以变得更复杂，可以对每个振子加入噪声项以抗衡 K 的作用。也可以给不同的振子链接不同的 K 值，描述振子间远近或关联强弱，如此公式 (5.60) 可改写为

$$\mathrm{d}\varphi_i/\mathrm{d}t = \omega_i + \sum_j K_{ij} \sin(\varphi_i - \varphi_j) + \varGamma_i(t) \tag{5.62}$$

在自然界中同步是非常普遍而重要的现象，包括萤火虫发光，青蛙鸣叫。这里给一个心肌细胞的例子。心脏需要协同跳动才能正常供血。如果心肌细胞间的同步被打乱则会产生心室颤抖、无法正常供血等危险症状。正常情况下是心脏中的窦房结产生同步信号以螺旋波电信号的形式发送给各个心肌细胞引导其同步跳动，但是事实上每个心肌细胞都能独立跳动，但彼此靠近会自发同步。可以在实验上研究这个同步的过程是如何完成的。实验上把心肌细胞种植到培养皿中，放置于显微镜下观测。图 5.21 表示经过 50 小时后细胞的分布形貌 [67]。

由图可见一开始细胞均匀种植在培养皿表面。随后细胞开始聚集成小的团簇 (5~10h)，然后小团簇继续聚集形成较大的团簇达到稳定 (20h 左右)。细胞形成团簇开始有跳动，随时间跳动的振幅和频率都会发生变化。同时各个团簇之间的独立跳动慢慢趋于同步。

整个跳动同步的过程可以通过延时傅里叶变换图谱看得更清楚，如图 5.22。图 5.22 中各条线是各时刻细胞跳动的功率谱。可以定量看出细胞在前 20h 形成团簇

之前，功率谱都基本为直线，说明细胞跳动得很弱。形成团簇后细胞开始跳动，频率在 1~2Hz。随着时间增加，功率谱峰的中心频率慢慢升高，直到 2.5Hz，并且功率谱峰的宽度也慢慢减小。说明一开始各个团簇的跳动频率比较分散，随时间演化在频率空间上慢慢开始趋于一致 (各个团簇在空间上的位置并没有发生改变)。然后团簇跳动的中心频率慢慢下降，最后在 40 个小时以后稳定在 1.7Hz 附近的有两个特定频率，同时跳动的振幅明显也增长到一个稳定值。图 5.22 清楚地展示了一个细胞团簇从独立跳动到慢慢建立起同步的过程。

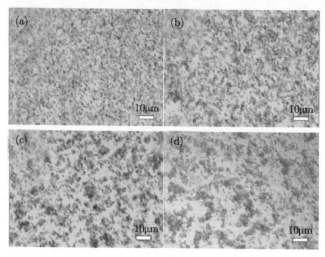

图 5.21　小鼠心肌细胞的种植形貌图

各图的种植时间为 (a) 0h, (b) 5h, (c) 10h, (d) 20h (出自参考文献 [67])

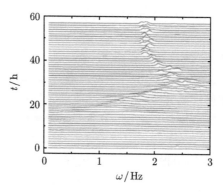

图 5.22　小鼠心肌细胞样品跳动功率谱 (出自参考文献 [68])

为了更定量地分析，我们用主成分分析 (principle component analysis，PCA) 的方法研究各个团簇随时间跳动的同步情况，以主成分分析的第一分量幅值 σ_1 作为同步程度的度量标度。

图 5.23 表示团簇生长 ϕ 和同步程度 σ_1 随时间的演化情况。从 $\phi(t)$ 曲线可见细胞的跳动从小团簇开始到 20 小时细胞聚集完成 (跳动的细胞数目达到饱和)。但是从 $\sigma_1(t)$ 曲线可见细胞团簇之间的同步从 20 小时才刚刚开始，直到 40 小时基本完成。分析可见细胞的聚集和同步分为两个过程。第一，细胞先聚集成小的团簇，团簇开始跳动。说明组成同一团簇的细胞跳动在聚集完成时就已经同步完成。第二，不同的细胞团簇开始逐渐同步，这是一个慢得多的过程，大概经历了 20 个小时。

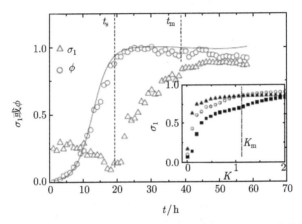

图 5.23 心肌细胞的团簇生长程度 ϕ 以及团簇同步程度 σ_1 随时间的变化

插图是 Kuramoto 模型下同步程度的饱和值 σ_1 随耦合强度 K 的变化。不同曲线代表不同的初始状态

(出自参考文献 [67])

用 Kuramoto 模型去模拟团簇同步的过程，的确发现同步程度随时间的变化曲线。但是模型和实际情况不符的地方在于：模型中各个团簇达到稳定同步的速度太快了。Kuramoto 模型通常只需要几百到几千次振动循环就达到 σ_1 的饱和值。而实际心肌细胞经过了 20 小时，这等价于经过了 10 万次的振动循环才达到 σ_1 的饱和值。而 Kuramoto 模型并不支持实验上这么慢的耦合。

仔细分析之前的实验，可看到两个同步过程：第一步，细胞聚集成团簇的同步跳动基本上是立刻完成；第二步，团簇之间的同步则完成得很慢。这代表两个同步的机制不同。团簇内的细胞直接接触可以通过细胞间连接复合体 (gap junction) 直接传递信息，相当于耦合强度 K 很高因此可以很快同步。而团簇之间并没有直接的物理接触，它们的同步是通过中间介质纤维母细胞来完成的。跟连接复合体传递信息的效率相比，通过纤维母细胞的耦合强度 K 较低，因此同步较慢。Kuramoto 模拟的另一个结果是：在不同的耦合强度下振子最后所能达到的同步程度是有差别的，即 σ_1 也是 K 的函数。图 5.23 插图中的曲线是振子的同步程度 σ_1 随耦合

强度 K 的变化图。对比实验，纤维母细胞会分裂，它的数目随时间一直在增长，所对应的耦合强度 K 也在一直增长 (心肌细胞不会分裂，一直保持数目不变)。因此我们看到的各个时间团簇同步程度 σ_1 的缓慢增长是纤维母细胞的数目 (团簇间耦合程度 K) 缓慢增长的结果。根据图 5.23 中的 $\sigma_1(t)$ 和 $\sigma_1(K)$ 曲线，我们可以得到 $K(t)$ 的变化曲线。

图 5.24 中给出了 $K(t)$ 的形式，发现从第 20 小时开始，K 从 0.0 连续地线性增长到 0.6 达饱和值。这个时间和实验上看到的纤维母细胞的增长时间是相一致的。图 5.25 表示在心肌细胞的团簇之间最后是充满了纤维母细胞。这里有趣的地方在于：纤维母细胞不断分裂，它的数目指数增长，其对应耦合效果 K 则线性增长 (图 5.24)。

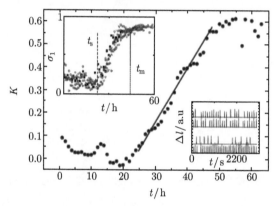

图 5.24　心肌细胞的团簇间耦合强度 K 随时间的变化曲线

上插图是不同心肌细胞样品同步程度 σ_1 随时间的变化曲线。下插图是第 20 个小时 (上面) 和第 40 个小时 (下面) 细胞同步情况的对比 (出自参考文献 [67])

实验中另一个现象是细胞团簇同步后的中心频率有个非单调的变化过程。这一点从 Kuramoto 中很难理解。一个可能的解释是心肌细胞通常是一个可激发系统，而不是一个振子。它的振动行为是和被动系统 (纤维母细胞) 耦合之后的结果。我们可以用 Fitz Hugh-Nagumo(FHN) 模型来模拟

$$\dot{x} = x - \frac{x^3}{3} - y \tag{5.63}$$

$$\dot{y} = \varepsilon(x - y + a) \tag{5.64}$$

式中，x 代表细胞膜电位；y 代表细胞的离子渗透流。其中 a 取不同的值可使公式 (5.63)(5.64) 代表可激发系统 (心肌细胞) 或者被动系统 (纤维母细胞)。

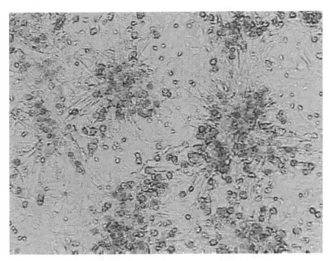

图 5.25 心肌细胞的团簇之间充满的是纤维母细胞

细胞种植第 50 个小时的形貌图

模拟中把一个可激发系统 (心肌细胞) 和一个被动系统 (纤维母细胞) 耦合在一起 [68]，

$$\dot{x}_1 = x_1 - \frac{x_1^3}{3} - y_1 + d_1(x_2 - x_1), \quad \dot{y}_1 = \varepsilon(x_1 - y_1 + a_1)$$
$$\dot{x}_2 = x_2 - \frac{x_2^3}{3} - y_2 + d_2(x_2 - x_1), \quad \dot{y}_2 = \varepsilon(x_2 - y_2 + a_2) \tag{5.65}$$

其中 d_1, d_2 为各自的耦合系数。令 $a_1 = -3$ 使得 $\{x_1, y_1\}$ 体系为被动系统 (纤维母细胞)。令 $a_2 = 0.7$ 使得 $\{x_2, y_2\}$ 体系为可激发系统 (心肌细胞)。调节耦合系数 d_1, d_2 可使 $\{x_1, y_1\}\{x_2, y_2\}$ 演变为双系统振动子，振子的频率是耦合系数 d_2 的函数。如图 5.26 所示，当 d_2 处于合适区域时，系统进入振动态，并且振动的频率随耦合系数 d_2 表现为先增大后减小的趋势，与图 5.22 的结果一样。如果把模型做成一个 100×100FHN 细胞的二维矩阵，写成

$$\dot{x}_{i,j} = x_{i,j} - \frac{x_{i,j}^3}{3} - y_{i,j} + d\Delta_d(x_{i,j})$$
$$\dot{y}_{i,j} = \varepsilon(x_{i,j} - y_{i,j} + a_{i,j}) \tag{5.66}$$

其中 d 为统一的耦合参数，并且随时间线性增长 (如实验所证)。令体系中 37% 是可激发系统 (心肌细胞)，67% 是被动系统 (纤维母细胞)。观察系统慢慢随时间的演化，可以发现随时间增长 (事实上是 d 增长)，系统慢慢开始出现振动，然后产生螺旋波同步行为 (和实验中看到的一样)。模拟的结果如图 5.27。

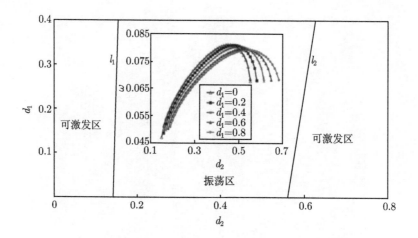

图 5.26　FHN 模型下一个可激发系统和一个被动系统的耦合结果相图和 $\omega(d_2)$ 曲线 (出自
参考文献 [68])

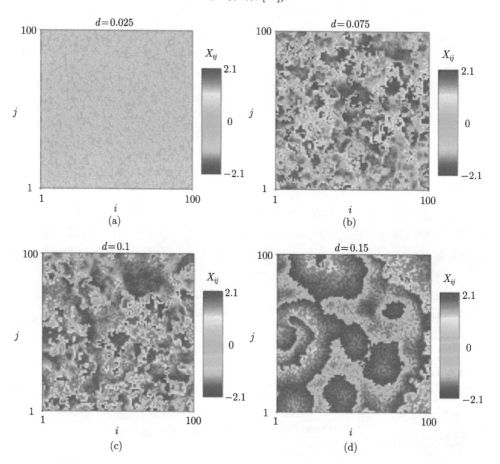

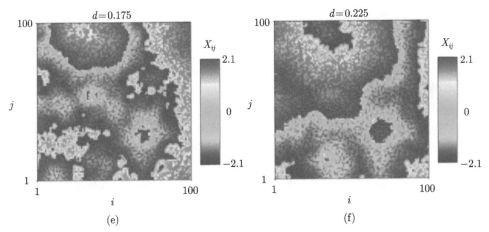

图 5.27 100×100FHN 细胞的二维矩阵随耦合强度的演化图

不同颜色代表所在的细胞膜电位高低 (出自参考文献 [68])

事实上 FHN 模型只是一个数学上简化的模型。生物物理上更准确地描述细胞膜电压的模型是 Luo-Rudy 模型[69]

$$C_\mathrm{m} \frac{\mathrm{d}V}{\mathrm{d}t} = -(I_\mathrm{ion} + I^\mathrm{ext}) \tag{5.67}$$

式中, C_m 是膜电容; 细胞的离子流 I_ion 包含 6 项, 有 $I_\mathrm{ion} = I_\mathrm{Na} + I_\mathrm{Si} + I_\mathrm{K} + I_\mathrm{K1} + I_\mathrm{Kp} + I_\mathrm{b}$。每一项都用一个独立的微分方程描述。同样, 可通过改变 I^ext 的大小来调节细胞成为可激发系统或者被动系统。用这个模型计算所得结果和 FHN 理想模型的结果定性上一致, 只不过需要更精确地调节各项参数[68]。这里就不仔细介绍了。

小结: 本章介绍自驱动粒子的运动和同步现象。首先介绍了活性粒子和细胞的运动方程, 两者主要差别在于内部涨落是否为白噪声。然后以黏菌细胞为例, 介绍如何从实验数据当中分析细胞的迁移阻力系数和内部涨落噪声特性。讨论细胞瞬时的非高斯速度分布的起源。给出了唯象 (DFL 模型) 和理论 (FKK 模型) 的两个模型来解释细胞的自扩散行为。最后以心肌细胞为例讨论了细胞的同步运动现象。对于自驱动粒子或细胞迁移同步物理机制的研究都是最近 10~20 年才开始的, 正有无尽的未知等待探索。

参 考 文 献

[1] Onuki A. Theory of applying heat flow from thermostatted boundary walls: dissipative and local-equilibrium responses and fluctuation theorems. J. Chem. Phys., 2019, 151(13): 134118.

[2] Barbier M, Gaspard P. Microreversibility, nonequilibrium current fluctuations, and

response theory. J. Phys. A-Math. Theor., 2018, 51(35): 35500.

[3]   Marconi U M B, Puglisi A, Rondoni L, et al. Fluctuation-dissipation: response theory in statistical physics. Phys. Rep.-Rev. Sec. Phys. Lett., 2008, 461(4-6): 111-195.

[4]   Kubo R. The fluctuation-dissipation theorem. Rep. Prog. Phys., 1966, 29(1): 255-284.

[5]   Jung G, Schmid F. Frequency-dependent hydrodynamic interaction between two solid spheres. Physics of Fluids, 2017, 29(12): 126101.

[6]   Daddi-Moussa-Ider A, Gekle S. Hydrodynamic interaction between particles near elastic interfaces. J. Chem. Phys., 2016, 145(1): 014905.

[7]   Thorneywork A L, Rozas R E, Dullens R P, et al. Effect of hydrodynamic interactions on self-diffusion of quasi-two-dimensional colloidal hard spheres. Phys. Rev. Lett., 2015, 115(26): 268301.

[8]   Radiom M, Robbins B, Paul M, et al. Hydrodynamic interactions of two nearly touching Brownian spheres in a stiff potential: effect of fluid inertia. Physics of Fluids, 2015, 27(2): 022002.

[9]   Omori T, Inoue N, Joly L, et al. Full characterization of the hydrodynamic boundary condition at the atomic scale using an oscillating channel: identification of the viscoelastic interfacial friction and the hydrodynamic boundary position. Phys. Rev. Fluids, 2019, 4(11): 114201.

[10] Asta A J, Levesque M, Vuilleumier R, et al. Transient hydrodynamic finite-size effects in simulations under periodic boundary conditions. Phys. Rev. E, 2017, 95(6): 061301.

[11] Guo L, Chen S Y, Robbins M O. Effective slip boundary conditions for sinusoidally corrugated surfaces. Phys. Rev. Fluids, 2016, 1(7): 074102.

[12] de Corato M, Slot J J M, Hütter M, et al. Finite element formulation of fluctuating hydrodynamics for fluids filled with rigid particles using boundary fitted meshes. J. Comput. Phys., 2016, 316: 632-651.

[13] Mo J Y, Simha A, Raizen M G. Broadband boundary effects on Brownian motion. Phys. Rev. E, 2015, 92(6): 062106.

[14] Cohen L. A review of Brownian motion based solely on the Langevin equation with white noise// Qian T, Rodino L G. Mathematical Analysis, Probability and Applications-Plenary Lectures. New York: Springer, 2016.

[15] Liu Z X, Zhu Y Z, Clausen J R, et al. Multiscale method based on coupled lattice-Boltzmann and Langevin-dynamics for direct simulation of nanoscale particle/polymer suspensions in complex flows. Int. J. Numer. Methods Fluids, 2019, 91(5): 228-246.

[16] Azarnykh D, Litvinov S, Bian X, et al. Discussions on the correspondence of dissipative particle dynamics and Langevin dynamics at small scales. Appl. Math. Mech. Engl. Ed., 2018, 39(1): 31-46.

[17] Tothova J, Lisy V. Generalized Langevin theory of the Brownian motion and the dynamics of polymers in solution. Acta Phys. Slovaca, 2015, 65(1): 1-64.

[18] Kim C, Karniadakis G E. Brownian motion of a Rayleigh particle confined in a channel: a generalized Langevin equation approach. J. Stat. Phys., 2015, 158(5): 1100-1125.

[19] Hijar H. Harmonically bound Brownian motion in fluids under shear: Fokker-Planck and generalized Langevin descriptions. Phys. Rev. E, 2015, 91(2): 022139.

[20] Fodor E, Grebenkov D S, Visco P, et al. Generalized Langevin equation with hydrodynamic backflow: equilibrium properties. Physica a-Statistical Mechanics and its Applications, 2015, 422: 107-112.

[21] Wang C J, Ackerman D M, Slowing I I, et al. Langevin and Fokker-Planck analyses of inhibited molecular passing processes controlling transport and reactivity in nanoporous materials. Phys. Rev. Lett., 2014, 113(3): 038301.

[22] Bertini L, de Sole A, Gabrielli D, et al. Macroscopic fluctuation theory. Rev. Mod. Phys., 2015, 87(2): 593-636.

[23] Haenggi P, Marchesoni F. Artificial Brownian motors: controlling transport on the nanoscale. Rev. Mod. Phys., 2009, 81(1): 387-442.

[24] Marchetti M C, Joanny J F, Ramaswamy S, et al. Hydrodynamics of soft active matter. Rev. Mod. Phys., 2013, 85(3): 1143.

[25] Farage T F F, Krinninger P, Brader J M. Effective interactions in active Brownian suspensions. Phys. Rev. E, 2015, 91(4): 042310.

[26] Ismagilov R F, Schwartz A, Bowden N, et al. Autonomous movement and self-assembly. Angewandte Chemie-International Edition, 2010, 41(4): 652-654.

[27] Solovev A A, Mei Y, Urena E B, et al. Catalytic microtubular jet engines self-propelled by accumulated gas bubbles. Small, 2010, 5(14): 1688-1692.

[28] Fournier-Bidoz S, Arsenault A C, Manners I, et al. Synthetic self-propelled nanorotors. Chem. Commun., 2005, 41(4): 441-443.

[29] Paxton W F, Kistler K C, Olmeda C C, et al. Catalytic nanomotors: autonomous movement of striped nanorods. J. Am. Chem. Soc., 2004, 126(41): 13424-13431.

[30] Mousavi S M, Kasianiuk I, Kasyanyuk D, et al. Clustering of Janus particles in an optical potential driven by hydrodynamic fluxes. Soft Matter, 2019, 15(28): 5748-5759.

[31] Wang X L, In M, Blanc C, et al. Enhanced active motion of Janus colloids at the water surface. Soft Matter, 2015, 11(37): 7376-7384.

[32] Jiang H R, Wada H, Yoshinaga N, et al. Manipulation of colloids by a nonequilibrium depletion force in a temperature gradient. Phys. Rev. Lett., 2009, 102(20): 208301.1-208301.4.

[33] Brown A, Poon W. Ionic effects in self-propelled Pt-coated Janus swimmers. Soft Matter, 2014, 10(22): 4016-4027.

[34] Buttinoni I, Volpe G, Kuemmel F, et al. Active Brownian motion tunable by light. J. Phys.-Condes. Matter, 2012, 24(28): 284129.

[35] Samin S, van Roij R. Self-propulsion mechanism of active Janus particles in near-critical Binary mixtures. Phys. Rev. Lett., 2015, 115(18): 188305.1-1883055.

[36] Volpe G, Buttinoni I, Vogt D, et al. Microswimmers in patterned environments. Soft Matter, 2011, 7(19): 8810-8815.

[37] Wuerger A. Self-diffusiophoresis of Janus particles in near-critical mixtures. Phys. Rev. Lett., 2015, 115(18): 188304.1-188304.5.

[38] Asheichyk K, Solon A P, Rohwer C M, et al. Response of active Brownian particles to shear flow. J. Chem. Phys., 2019, 150(14): 144111.

[39] Zia R N. Active and passive microrheology: theory and simulation. Annual Review of Fluid Mechanics, 2018, 50(1): 371-405.

[40] Bechinger C, di Leonardo R, Lowen H, et al. Active particles in complex and crowded environments. Rev. Mod. Phys., 2016, 88(4): 50.

[41] Swan J W, Zia R N. Active microrheology: fixed-velocity versus fixed-force. Physics of Fluids, 2013, 25(8): 083303.

[42] Brotto T, Caussin J B, Lauga E, et al. Hydrodynamics of confined active fluids. Phys. Rev. Lett., 2012, 110(3): 038101.

[43] Auth T, Gov N S. Diffusion in a fluid membrane with a flexible cortical cytoskeleton. Biophys. J., 2009, 96(3): 818-830.

[44] de Monvel J B, Brownell W E, Ulfendahl M. Lateral diffusion anisotropy and membrane lipid/skeleton interaction in outer hair cells. Biophys. J., 2006, 91(1): 364-381.

[45] Franke K, Gruler H. Galvanotaxis of human granulocytes-electric-field jump studies. Eur. Biophys. J., 1990, 18(6): 334-346.

[46] Howse J R, Jones R A L, Ryan A J, et al. Self-motile colloidal particles: from directed propulsion to random walk. Phys. Rev. Lett., 2007, 99(4): 048102.

[47] Chen S, Li N, Hsu S F, et al. Intrinsic fluctuations of cell migration under different cellular densities. Soft Matter, 2014, 10(19): 3421-3425.

[48] Jannasch A, Mahamdeh M, Schaeffer E. Inertial effects of a small Brownian particle cause a colored power spectral density of thermal noise. Phys. Rev. Lett., 2012, 102(3): 580a.

[49] Aron C, Biroli G, Cugliandolo L F. Symmetries of generating functionals of Langevin processes with colored multiplicative noise. J. Stat. Mech.-Theory Exp., 2010, 2010(11): P11018.

[50] Sellier A, Pasol L. Migration of a solid particle in the vicinity of a plane fluid-fluid interface. European Journal of Mechanics B-Fluids, 2011, 30(1): 76-88.

[51] Maeda Y T, Inose J, Matsuo M Y, et al. Ordered patterns of cell shape and orientational correlation during spontaneous cell migration. PLoS One, 2008, 3(11): e3734.

[52] Dieterich P, Klages R, Preuss R, et al. Anomalous dynamics of cell migration. Proc. Natl. Acad. Sci. USA, 2008, 105(2): 459-463.

[53] Li L, Cox E C, Flyvbjerg H. 'Dicty dynamics': Dictyostelium motility as persistent random motion. Phys. Biol., 2011, 8(4): 046006.

[54] Varnum B, Soll D R. Effects of cAMP on single cell motility in Dictyostelium. J. Cell Biol., 1984, 99(3): 1151-1155.

[55] Shenderov A D, Sheetz M P. Inversely correlated cycles in speed and turning in an ameba: an oscillatory model of cell locomotion. Biophys. J., 1997, 72(5): 2382-2389.

[56] Viswanathan G M, Bartumeus F, Buldyrev S V, et al. Lévy flight random searches in biological phenomena. Physica a-Statistical Mechanics and its Applications, 2002, 314(1-4): 208-213.

[57] Ginot F, Theurkauff I, Levis D, et al. Nonequilibrium equation of state in suspensions of active colloids. Physical Review X, 2015, 5(1): 011004.

[58] Palacci J, Sacanna S, Steinberg A P, et al. Living crystals of light-activated colloidal surfers. Science, 2013, 339(6122): 936-940.

[59] Theurkauff I, Cottin-Bizonne C, Palacci J, et al. Dynamic clustering in active colloidal Suspensions with chemical signaling. Phys. Rev. Lett., 2012, 108(26): 268303.

[60] Vicsek T, Czirok A, Benjacob E, et al. Novel type of phase-transition in a system of self-driven particles. Phys. Rev. Lett., 2006, 75(6): 1226-1229.

[61] Kuramoto Y, Nishikawa I. Statistical macrodynamics of large dynamical-systems-case of a phase-transition in oscillator communities. J. Stat. Phys., 1987, 49(3-4): 569-605.

[62] Czirók A, Stanley H E, Vicsek T. Spontaneously ordered motion of self-propelled particles. J. Phys. A-Math. Gen., 2006, 30(5): 1375-1385.

[63] Chaté H, Ginelli F, Grégoire G, et al. Modeling collective motion: variations on the Vicsek model. European Physical Journal B, 2008, 64(3/4): 451-456.

[64] Drocco J A, Reichhardt C J O, Reichhardt C. Bidirectional sorting of flocking particles in the presence of asymmetric barriers. Phys. Rev. E, 2012, 85(5): 056102.

[65] Ramaswamy S. The mechanics and statistics of active matter. Annual Review of Condensed Matter Physics, 2010, 1(1): 323-345.

[66] Solon A P, Fily Y, Baskaran A, et al. Pressure is not a state function for generic active fluids. Nature Phys., 2015, 11(8): 673-678.

[67] Chen W, Cheng S C, Avalos E, et al. Synchronization in growing heterogeneous media. EPL, 2009, 86(1): 18001.

[68] Kryukov A K, Petrov V S, Averyanova L S, et al. Synchronization phenomena in mixed media of passive, excitable, and oscillatory cells. Chaos, 2008, 18(3): 058101.

[69] Luo C H, Rudy Y. A model of the ventricular cardiac action-potential-depolarization, repolarization, and their interaction. Circulation Research, 1991, 68(6): 1501-1526.

附录　界面胶体间的制备与观测

1. 胶体颗粒的显微成像

选择合适的物镜倍数对液面上的胶体颗粒进行显微拍照。颗粒成像是否清晰依赖于显微镜的设置、物镜的选择以及颗粒和液体之间折射率的差别等因素。一般显微镜的手册上光路调好的标志是缩小暗场光阑可以在视野中非常清晰地看到光阑的六角边界并且处于视野正中。但是如果选择的物镜倍数较大，这时显微镜视野较小，有可能当暗场光阑调到最小时还是看不到光阑边界。这种情况下可以通过调节照明光出口处的照明光阑来检测。如果增大或减小照明光阑，显微镜内视野的亮度不发生改变说明显微镜的工作状态良好。很多不熟悉显微镜操作的同学常常会用增大照明光阑的办法来增强视野亮度，但这个操作方法是错误的。如果增大照明光阑，能够增强显微镜内视野的亮度说明显微镜的光路没有调节好。正确的增强视野亮度的方法是调亮光源灯泡的亮度。

通常来说 1μm 直径的颗粒，物镜的选择在 40× 或 60× 为佳，继续增大倍率会明显减小视野的面积，造成照片中包含的颗粒数太少，不利于后期的统计计算。对于 PS 颗粒的折射率和水的折射率有较大差别，即使用明场条件下 20× 物镜通常也可以看清。但是玻璃颗粒的折射率通常与水的折射率比较接近，通常即使用 40× 物镜在明场条件下，对比度可能还是不够，选用显微镜相差模式和物镜会大大提高颗粒和背景的对比度。

2. 制备样品

制备液体界面上胶体样品的方法比二维体溶液里面制备胶体样品要困难很多。原因是制备液体表面样品对清洁程度的要求要比体溶液样品高得多。一般在水溶液中使用 18.2MΩ·cm 的去离子水已经足够好，对于大多数条件，水中杂质对于胶体间的相互作用和水的性质的改变已经可以基本忽略。但是同样条件下，水表面的杂质会比水中要多。这是因为水和空气界面的表面能在液体中很高 (纯水表面张力在室温下为 72×10^{-3}N/m 左右)。水面上如果存在有机杂质，分子会明显降低水的表面张力，即减小水的表面能。而水溶液中总是存在少量的杂质分子。但是当杂质分子扩散到水–气界面上时会明显降低水–气界面的表面能，从而降低整个体系的能量。因此杂质分子会倾向于聚集在水–气界面上。因此少量杂质分子分布在三维体溶液时由于浓度很低可以忽略不计。但是当聚集到界面上时，界面层的体积相比体溶液可以忽略不计，因此杂质分子的浓度相对于体液中会大大提高，常常明显影响溶液界面上胶体颗粒间的相互作用或界面液体的性质。因此清洁是实验研究液体界面上胶体颗粒的最关键环节。

3. 样品清洁方法和判断依据

要时刻记得任何实验中的污染最后都会聚集到水–气界面上，因此从制备样品一开始就要非常小心。对于胶体母液样品要保存好，分装出少量单独放置使用。以后制备样品时都从分装中取出，以尽量减少对胶体母液的操作次数，降低污染母液的概率。相比体液样品，制备界面胶体的特点是只需要很少的胶体样品，能够分散在液体界面上就足够了，因此少量的分装也可以使用很久。平时胶体母液和分装应当放到 5℃ 的环境下保存以减小热涨落引起的聚集的发生概率。

保存盛装胶体样品的容器首选玻璃。出于器皿形状加工方便的考虑，少量的不锈钢也可以使用。除了母液存放，一般不使用塑料的器皿。很多有机溶剂不能使用塑料，而且塑料对于杂质分子的吸附力又比较强，因此塑料的清洁比较困难。如果的确需要使用塑料类的容器，可以使用聚四氟乙烯。每个实验室都有自己的器皿清洁流程。很多实验室会使用超声清洗或等离子体清洁。一般原则是先用有机溶剂等溶解有机杂质分子 (先用氯仿或丙酮，再用乙醇或甲醇)；再用大量清水冲洗 (先用纯净水，最后用去离子水冲洗)。我们的方法是一般先用表面活性剂溶液长时间浸泡 (两天以上)。为了提高表面活性剂的能力，也可以保温加热浸泡，然后超声，再用大量清水冲洗 (持续冲洗 4~5 个小时)，最后用去离子水冲洗。

玻璃最后的清洁程度判断方法有几种，但基本都是在判断玻璃和水之间的表面能是否足够小。一般化学教科书的描述：清洁玻璃表面的水既不凝成水滴，也不成股流下。这是因为玻璃本身是亲水材质，当纯水滴到玻璃表面时会沿玻璃表面铺开。只有当玻璃表面存在有机杂质，使得玻璃表面和水之间的界面增加，水才会凝成水珠，以减小和玻璃的接触面积。但是如果用其他方法破坏有机杂质分子的憎水化学属性 (常见的方法是火烧，或者高温等离子体处理)，也可以让玻璃表面恢复亲水的特性，使得水在玻璃表面铺开，只是看起来似乎符合清洁的标准，但很多亲水碳杂质还是停留在玻璃表面。因此还是要使用标准的清洗流程，保证杂质被溶解后尽量都被大量流水稀释带走。比如要保证所使用的表面活性剂分子的确都被清洗干净，可以在使用大量流水冲洗的过程中用产生的水泡寿命来直观判断。因为纯水与空气的表面能 (即表面张力) 很大，而水泡的存在增大了水–气界面表面积。从能量上来说，气泡的存在是维持在较高的能态上，因此水泡是非常不稳定的。但是如果有表面活性剂等有机分子存在，水泡的寿命会加长。因此可以在大量流水冲洗的过程中观察水泡的寿命：若发现水泡生成后立刻破灭，说明水中的杂质分子已经少到不足以维持水泡的稳定。最后可以在干燥清洁的玻璃表面滴少量去离子水，如果水滴能迅速铺开 (像油一样挂在玻璃表面一层)，说明玻璃器皿已经洗干净。

表面活性剂的另一个来源是胶体样品母液。很多生产胶体颗粒的厂家会声称自己的产品是去表面活性剂的 (surfactant free)。但是对于界面胶体的体系来说，一般产品里的表面活性剂还是不能忽略，这时就要做额外的处理。一般是用离心机反复离心，用去离子水置换离心后的上清液。一般离心 7~8 次，可以把母液中的表面活性剂浓度稀释为原来的 10^{-14}~10^{-12}，可以保证实验的需求。离心时需要注意的是离心的速度。如果离心速度过高，大量的颗粒离心聚集后有可能在离心加速度下克服排斥力粘在一起。颗粒之间的范德瓦耳斯力在近程的时候非常强。粘连到一起的颗粒对通常很难再完全分开。合适的离心速度要根据颗粒的密度和尺寸而定。原则上越大越重的颗粒需要选择的离心速率越低。如果有充分的准备时间，对于玻璃颗粒这种高密度的颗粒可以采用自然沉降的方法。但如果是 PS 颗粒 (和水的密度差只有 5%)，就只能选用离心的办法了。

在最后生成液面后还需要做进一步的清洁。可以把玻璃吸管连接到水泵，然后把玻璃吸管的细口半露在水面上如图 A.1。开动水泵抽吸水面的液体，把可能聚集在界面上的杂质进一步吸走。需要了解界面吸附三维体溶液内的杂质其实是个动态平衡的过程。由于表面能最低，溶液内的杂质更倾向于聚集到液面，但是杂质不会完全集中于表面。这是因为当液体表面上积累的杂质过多时，杂质在浓度梯度下向体溶液内扩散的程度就越高。最后析出到液面上的杂质和扩散到体溶液的杂质达到平衡。用水泵吸走含有较多杂质的表面水层，会打破这个平衡，使得水中的杂质再次向水面扩散。因此这是个非常有效的去除水中杂质的方法。由于建立动态平衡需要时间，因此间断几分钟的几次抽吸效果会更好。

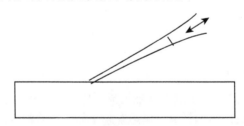

图 A.1   抽吸液面以清洁杂质的示意图

4. 制备水–气界面的颗粒样品

制备好清洁的水–气界面和胶体颗粒样品后，需要把胶体颗粒放置到水–气界面。胶体颗粒的密度都大于水的密度，浸没在水中的胶体颗粒不会自发地浮到水–气表面。常用的办法是把胶体颗粒溶于甲醇，将含颗粒的甲醇溶液注入到水–气界面。由于甲醇的密度小于水的密度，甲醇溶液会浮于水面。当甲醇挥发之后，颗粒就留在水的表面。这一步骤理论上很清楚，实验上可能并不容易。甲醇和水可以任意比例互溶。如果甲醇溶液和水互溶以后，颗粒就浸没在水中不会停留于颗粒表面。因此要保证甲醇溶液尽量缓慢地注入液面。一般要选用微量注射泵，以每分钟几微升的注射速度把甲醇溶液注射到液面上。过多的甲醇会造成甲醇还没有挥发完，颗粒就已经扩散沉降到水溶液中。为了保证甲醇溶液平稳注射到液面上方而非水中 (保证其快速挥发而非溶解到水中)，可以使用诸如图 A.2 的模式使得注射针头的出口半露在水面上。如果空间允许，另外的办法是把一块玻璃板斜插到水中，把甲醇溶液注射到玻璃板上，使得甲醇溶液在重力作用下沿玻璃板流到水面上。由于甲醇和玻璃的良好亲和性，甲醇注射到玻璃板表面后会沿玻璃表面铺开，进一步促进甲醇的快速挥发。同时经过玻璃的缓冲，甲醇注入水面的速度也会更缓慢平稳。原则上使用乙醇也可以有同样的效果，但是甲醇比乙醇密度更小，而且更容易挥发，使用起来更有优势。甲醇的化学毒性要比乙醇高，但是由于制备样品过程中需要使用的有机溶剂量并不大，只要保证实验室基本通风良好，一般都推荐使用甲醇。

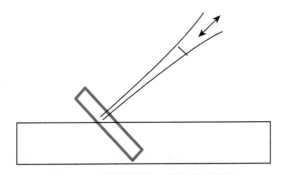

图 A.2 利用平板注入样品的示意图

制备不同的颗粒 (玻璃或 PS) 样品，需要的具体实验参数不同：比如需要根据颗粒在甲醇溶液中的密度来选择微量注射泵的注射速率等。不同颗粒放置在水面上的困难程度不同，一般说来越亲水的颗粒越不容易放在水面上。比如玻璃颗粒进入水中的概率比 PS 颗粒大，就很难停留在水面上。一个解决办法是提高颗粒在甲醇溶液中的浓度。玻璃颗粒在甲醇溶液中的浓度是 PS 颗粒在甲醇溶液中浓度的 10 倍以上。这样即使大部分颗粒浸入水中，至少有部分颗粒能停留在水面上。另外同样材质的颗粒尺寸越小，越不容易待在颗粒表面。颗粒越小扩散的能力越强，比如 500nm 的颗粒会比 2μm 的颗粒更不容易停留在水面。最后颗粒表面带电量也高，颗粒也容易进入水中。这一点从电荷的库仑作用势的公式中可明显看出来。

$$U = \frac{q}{4\pi\varepsilon r}$$

公式中的 ε 是环境的介电常数。在水中的介电常数比空气中的介电常数大 80 倍。因此当电荷进入水中以后，空间的静电能会大大降低。所以静电荷总是倾向于进入水中。由此可知高带电量的颗粒比低带电量的颗粒进入水中的概率要大得多。

5. 检测样品是否制备成功

在注入甲醇溶液以及等待甲醇溶液挥发的时候 (其实挥发时间很短) 没有办法观测颗粒是否停留在水面上。因为此时颗粒在甲醇的快速挥发下高速运动，由于曝光时间过短，在显微镜下无论是目镜还是 CCD 都没有办法捕捉到颗粒的影像。因此只有当整个过程完成以后，当水面完全静止下来才有可能显微观测颗粒放置在水面的操作是否成功。如果聚焦没有问题，应当能清晰看到水面上的胶体颗粒。但是对于初次开始制备的研究者更可能的是：无论怎样，在显微镜下也找不到任何颗粒的影子；或者颗粒很多会形成 2~3 个聚集在一起的团簇，而没有形成单分散的胶体单层。颗粒没有在显微镜的视野中，那么有两种可能：① 颗粒没有停留在水面上，都进入到了水里。这时需要重新调节颗粒在甲醇溶液中的密度，微量注射泵的注射速率，或者调整甲醇入水的装置。② 颗粒停留在了表面，但是并没有形成单分散的颗粒，而是大量地粘附在一起漂浮于视野之外。造成这种现象的原因通常是水面清洁没有做好，很多颗粒在多杂质的环境下非常容易粘附在一起。清洁不够通常也会引起其他的一些现象：比如颗粒很多会形成 2~3 个聚集在一起的团簇；或者是形成单分散的颗粒，但是颗粒在水面上没有做布朗运动而是都固定在本来的位置上没有运动 (这种情况比较少见)。当然颗粒会形成 2~3 个聚集的团簇也有可能存在其他原因，要一一尝试验证：是否在分装母液时就已经开始聚集；或者是在甲醇挥发时颗粒剧烈运动碰撞导致的 (这时就要尝试减少颗粒在甲醇溶液中的密度或者换用挥发性更低的乙醇等)。

6. 样品的稳定性和抑制漂移

当样品最后成功放置到水面上时能够看到单分散颗粒体系和明显的布朗运动，这些观测说明水面上的颗粒单层已经制备成功。我们提到过颗粒的密度一般都比水的密度大。当颗粒被放置到水面上时，颗粒并不会因为重力而下沉。这是因为颗粒和水的界面能使得颗粒有部分露出水面时，体系整体的表面能处于局部的最低势阱中。不同材质颗粒和水的界面能不同，由于玻璃和水之间界面能比 PS 颗粒和水之间的表面能低，因此玻璃颗粒有更多的部分浸没在水面下方。这也造成了玻璃颗粒在平衡位置时的势阱深度要小于 PS 颗粒在平衡位置时。所以相比之下玻璃颗粒比 PS 颗粒更容易跳出势垒，从水面进入到水中。这个势垒深度的差异使得在制备水面玻璃颗粒单层样品时要比制备 PS 颗粒样品困难。因为在甲醇挥发时会带来颗粒的剧烈运动，有可能使颗粒有足够大的概率跳出势垒。但一般来说，一旦胶体颗粒被成功放置在水面上，即使是对于玻璃颗粒，这个势垒的深度也远比 k_BT 大。因此在静止水面上，颗粒就会非常稳定地停留在水面上而不会自发地进入水中。如果体系清洁做得很好，成功放置的颗粒样品可以在水面上维持数周。

液面存在微小漂流是常见的问题。产生的原因可能有很多：温度的不均匀、液面的弯曲、液体挥发、外部环境的振动等，要一一排除。可以利用非滑移边界条件的作用，减小样品池的面积使液面尽量被边界绑定。因此制备样品池时我们选用的是不锈钢。原因是不锈钢的边界可以很容易打磨得锋利而光滑，对于固定液面很有帮助，所以不要选用聚四氟乙烯之类不亲水的材料做样品池。虽然材料容易清洁，但是液面不容易被样品池边缘固定。不锈钢的另一个好处是材料导热性好，使得样品池各个位置的温度能够很快达到平衡，减小可能存在的温度差。温度差的另一个来源是显微镜光源的红外部分，照明光的红外分布可能会被水吸收而加热水温，但是这个红外升温效应程度的高低需要证实。比较简单的方法是在光路中添加一个红外吸收片看看漂移流的流速是否会减小。如果情况有改善，说明红外线的确有影响，可以换用单色光源。

7. 保持液面水平和颗粒密度调节

在重力作用下，足够大的水面总是能保持水平。但如果是水面的范围比较小 (直径 1cm 左右)，水面的水平程度就会由容器中水量的多少决定。在表面张力的作用下，水量偏多，水面会凸起；水量偏少，水面凹下。由于水的透明性，直接判断水面凸凹并不容易。实验室里判断水面是否水平的一个方便方法是观察水面天花板上日光灯 (或其他长直物体) 的倒影是否弯曲。可以用吸管来调节水面的水平程度。颗粒处于凸起或下凹的水面时，颗粒会在重力的作用下向中心或四周慢慢聚集。如果视野是在水面中心，可以看到视野中颗粒的密度会慢慢增高 (下凹表面) 或降低 (凸起表面)。事实上可以通过水面倒影的形状，相当精细地调节水面弯曲的程度，以使得视野中的颗粒密度增高或降低。

8. CCD 拍摄的时间空间定标

目前的 CCD 技术发展很快，高分辨率、高传输率的产品日新月异。一般来说胶体颗粒的拍摄速度总是越快越好。每款 CCD 出厂时都有一个理论最高传输率。但实际的最高传输率依赖于系统硬件、软件等，比如 CCD 连续工作时的散热情况，计算机内存和 CPU 的占用率等都会有影响。为了得到尽可能高的拍摄速率，要注意可能花费时间的所有环节。首先要在合适明暗分辨率的前提下，尽量缩短曝光时间。对 CCD 来说，芯片成像像素的尺寸越大 (当然 CCD 价格也越高)，相应所需的曝光时间会缩短。然后是图片缓存传输到存储媒介 (硬盘) 的时间。如果通过网络 (或 USB) 传输，要注意网卡和网线 (或 USB 端口协议) 的型号所对应的传输率上限。最后是写入存储媒介的时间。机械硬盘和固体硬盘的读写速度差异很大，需要对每个具体情况单独确认。以上传输率的最小瓶颈决定了最高传输率。所有的方式都做到最优化后，如果还需要提高传输率，可以降低图片成像高度。一般图片成像都是行扫描。所以图片成像高度降低一半，理论上可以增加一倍的传输率。各种设置达到最高传输率后，如何确定这个最高传输率是多少是另外的问题。不要轻易相信计算机所显示的系统时间。如果 CCD 设置为连续拍摄统一存储，写入硬盘的时间和实际记录的时间要分开计算。我们选用的办法是用 CCD 直接去拍一个秒表，根据每张照片的秒表变化定标拍摄速率。最后期望有更高的明暗灵敏度，要选用黑白 CCD 而不是彩色 CCD。空间的定标比较简单：用显微尺拍摄读取刻度就好。但是要让定标距离尽量充满整个显微视野，以减少测量误差。

9. 颗粒识别程序编写

颗粒识别程序的编写没有想象中那么困难，特别适合研究生作为程序学习的入门训练。网上有很多现成可用的程序，但是作者从自身科研和指导研究生的经验出发，强烈建议新入行的研究者不要把他人的程序当作黑盒子使用，只知道输入输出。每个研究者都应亲自编写程序实现粒子的识别跟踪等功能。初看好似浪费更多的时间，解决别人已经解决的问题，但当建立起自己能够写程序解决问题的信心以后，任何的数据处理、数值计算等都可以自如掌握，在今后的研究中受益无穷，似慢实快。

索　引